2023中国集成灶产业专利蓝皮书

何　兴　周水清　陈　洁　著

图书在版编目（CIP）数据

2023中国集成灶产业专利蓝皮书 / 何兴，周水清，陈洁著. -- 北京：中国书籍出版社，2023.12

ISBN 978-7-5068-9649-8

Ⅰ. ①2… Ⅱ. ①何… ②周… ③陈… Ⅲ. ①灶具—专利—研究报告—中国—2023 Ⅳ. ①TS914.23

中国国家版本馆CIP数据核字（2023）第217498号

2023中国集成灶产业专利蓝皮书

何　兴　周水清　陈　洁　著

责任编辑　李国永
装帧设计　守正文化
责任印制　孙马飞　马　芝
出版发行　中国书籍出版社
地　　址　北京市丰台区三路居路97号（邮编：100073）
电　　话　（010）52257143（总编室）（010）52257140（发行部）
电子邮箱　eo@chinabp. com. cn
经　　销　全国新华书店
印　　刷　天津和萱印刷有限公司
开　　本　787毫米×1092毫米　1/32
字　　数　93千字
印　　张　8.25
版　　次　2024年1月第1版
印　　次　2024年1月第1次印刷
书　　号　ISBN 978-7-5068-9649-8
定　　价　36.00元

前言

中国的厨电技术发展晚于欧美国家。法国人于1799年发明燃气灶，德国人于1940年发明油烟机。但把烟机、灶具、消毒柜、蒸烤设备组合在一起发明集成灶的却是中国人。2003年中国第一台深井式集成灶诞生，至今已有20年的发展历程，但集成灶产业的发展速度是从2016年开始加快的。集成灶产业经历着从外观到内部构造及功能模块化的演变，从追求速度逐渐到追求品质化的过程。功能上，集成灶由最初始的“烟+灶”结构发展为“油烟机+燃气灶+消毒柜（烟灶消）”和“烟灶消+蒸烤”结构，还陆续实现了内部免清洗、变频、防火墙以及漏电漏气检测等安全功能。

根据《中国集成灶行业发展白皮书》（2021）预测，蒸烤一体集成灶将成为未来发展趋势。它是一种带蒸箱和烤箱功能的集成灶，主要集成了吸油烟机、燃气灶、蒸箱、烤箱、消毒柜五大功能，蒸烤一体集成灶不仅在功能上做加法，而且在实现蒸烤功能的同时，附带了更多功能。比如烘焙、烧烤、加湿烤、发酵等，也实现了一键消毒等功能。预计未来集成灶市场的布局将会延续现有趋势，蒸烤一体机的比例有望继续提升，有望与烟灶消和烟灶蒸呈现出三足鼎立的态势。当前，烟灶消、烟灶蒸、烟灶蒸烤一体集成灶的市场总占比已超过85%，成为主流。随着人们消费理念的升级，集成灶行业的产品迭代速度加快，健康、智能和套系也将成为集成灶的升级方向。

作为一个拥有近 500 家厨具企业的城市，嵊州厨具产业（集成灶产业）已成为嵊州三大支柱产业之一。嵊州销售厨具系列产品数量占到全国市场约 25%。全国每生产 100 台集成灶，就有超过 60 台来自这里，电机、风机系统总成、燃烧器、锅架等主要配件占比达 30%—35%。

嵊州厨具产业虽然取得了不俗的业绩，并形成了自身的特点以及不可替代的行业地位，但也存在着不可忽略的问题。例如，企业单体规模普遍不大；科技创新能力不强，产品同质化严重；与国内销售相比，出口销售规模小；人才队伍结构不完整，高层次管理和研发人员短缺。

嵊州市浙江工业大学创新研究院是嵊州市人民政府与浙江工业大学合办的一家地方性研究院，旨在为嵊州厨电，电机行业的升级换代提供技术支持。本书由嵊州市浙江工业大学创新研究院、浙江工业大学技术与创新支持中心（TISC）和浙江省科技信息研究院面向集成灶产业，统计分析了集成灶产业的全球、中国和浙江省的专利状况，并着重对比了浙江嵊州、浙江海宁、广东佛山与中山三大产业集群，以及部分龙头厨具企业的专利指标，揭示了集成灶专利技术总体发展趋势。在产业分析、技术分析及专利布局宏观态势分析成果的基础上，总结集成灶产业的专利技术发展动向，为我国集成灶技术产业发展提出前瞻性的对策建议。

本书由何兴负责整个研究的框架、路径、任务分工和统稿，由周水清负责整个研究的技术组成和分析，由陈洁、江梅、许丹海负责具体技术的专利分析，由林志坚、黄捷、陈慧负责产业的政策分析和相关图表制作。相关研究工作得到了浙江工业大学高增梁教授、金伟娅教授的悉心指导，也得到了中共嵊州市委组织部、嵊州市经济和信息化局、嵊州市人力资源和社会保障局、嵊州市科学技术局、嵊州市科学技术协会、嵊州市厨具行业协会的大力支持，在此表示衷心的感谢。

由于本书中专利文献数据的采集范围和专利分析工具的限制，加之研究人员水平有限，本书的数据仍需进一步完善、结论仍有不足之处，和所提出的建议参考价值仍待提升，如有不妥之处敬请包涵指正。

《2023 中国集成灶产业专利蓝皮书》编写组

2023 年 8 月

目　录

第一章　集成灶产业发展概述……1
1.1　集成灶基本概念与类型……1
1.2　国内集成灶产业简况……7
1.3　集成灶专利分析的范围和方法……10

第二章　集成灶专利申请趋势分析……15
2.1　全球专利申请趋势分析……15
2.2　中国专利申请趋势分析……16
2.3　浙江省市县区专利申请趋势分析……18

第三章　集成灶专利区域布局分析……24
3.1　全球专利申请地域分析……24
3.2　中国专利申请地域分析……25
3.3　浙江省专利申请地域分析……27

第四章　集成灶专利技术分析……29
4.1　全球专利技术构成分析……29
4.2　中国专利技术构成分析……30
4.3　国内主要省市专利技术构成分析……32

第五章　集成灶产业专利申请人和发明人分析……36
5.1　专利国际申请主要专利申请人分析……36
5.2　中国专利申请人分析……37
5.3　浙江省专利申请人分析……38
5.4　中国专利发明人及其团队分析……39
5.5　集成灶产业部分重点申请人分析……45

第六章　集成灶三大产业集群专利分析……86
6.1　专利申请趋势分析……88
6.2　专利质量分析……89
6.3　专利技术构成分析……97
6.4　嵊州集成灶产业专利特点……101

第七章　结论与建议……109
7.1　结论……109
7.2　建议……118

参考文献……121

第一章　集成灶产业发展概述

1.1　集成灶基本概念与类型

1.1.1 集成灶基本定义

集成灶是一种集各种功能于一体的厨房电器，可根据实际需求选配洗碗机、消毒柜、蒸烤箱等电器，具有排烟效率高、运行噪声小、节省空间等诸多优点。相比于传统吸油烟机，集成灶在排烟效果上优势明显，其油烟吸排率通常在 95% 以上。集成灶将污染源与外环境进行隔离，可在不影响操作视线和不经过人体呼吸途径的前提下，将油烟和蒸汽在未扩散前进行有效消除。随着科技快速发展，部分品牌集成灶排烟吸净率已经达到 99.95% 的极限指标。

此外，根据 GB 4706.1-2005、GB 4706.22-2008、GB 16410-2007、GB/T 17713-2011、GB 17988-2008、GB 30720-2014 界定的术语和定义，集成灶也称“家用集成燃气灶具”，定义为：将家用燃气灶和吸排油烟（或排风）装置组合在一起，或在此基础上增加食具消毒柜、电烤箱、电磁灶、贮藏柜等一种或一种以上功能的器具。吸排油烟（或排风）装置的定义为：集成灶的一部分，抽取被污染的空气，并将被污染的空气排出室外的装置，包括风机和烟道等部件。

1.1.2 集成灶基本类型

集成灶按照不同的油烟吸排方式，主要分为以下三种（图1-1）。

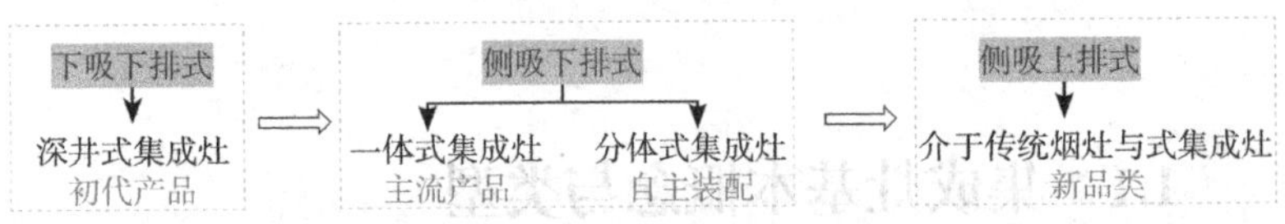

图 1-1　集成灶的三种油烟吸排方式

（1）下吸下排式：采用下吸的方式，吸风孔位于灶台的下方，油烟从下方吸走，并向下排放。

采用下吸下排技术的典型集成灶为深井式集成灶，灶头与锅架位于凹形圆槽中央，低于水平面，吸风口位于凹形圆槽的边缘，油烟在锅的边缘处被吸走，具有节省空间、油烟吸净率高等优点。但是，其设计也存在一定的缺陷：①人机不合理，凹陷的灶头与超低的油烟吸排口导致纵向和横向空间有限，存在较大的空间约束性；②热效率较低，吸风口距离灶台较近，靠近火源和锅体，工作过程中会带走大量热量，导致燃烧热效率较低，同时下凹处空气流通不足，燃气燃烧不充分，火苗易被吸入烟道内腔与风机内部，容易产生安全隐患。

（2）侧吸下排式：吸风孔位于灶台的侧面，采用侧吸的方式，油烟向下排放，从而达到近距离吸油烟的效果。

侧吸下排式集成灶按照集成方式，可以分为一体式集成灶和分体式集成灶。一体式集成灶将集成的各部分厨电一体化设计；而分体式集成灶采用了模块化设计方式，将排烟系统和燃烧系统分开单独设计，其他功能性模块如洗碗机、消毒柜、蒸烤箱等，按照客户实际需求自主选择。目前一体式集成灶是市场主流品牌，具有集成化程度高、空间利用率高等显著特点。分体式集成灶相对而言也具有一定独特的优势：①为消费者提供自主选择性，消毒柜、蒸烤箱等功能的使用频率因人而异，分体式集成灶可以根据消费者需求选择性嵌入功能模块；②运输安装较为方便，由于其模块化设计，各部件独立包装，便于拆装、清洗与维护。

（3）侧吸上排式：采用侧吸的方式，吸风孔位于灶台的侧面，并向上排放油烟。

采用这种排油烟方式的产品，实际上是介于传统烟灶和集成灶之间的产品，沿用了传统油烟机的上排油烟结构，结合了集成灶的侧吸方式和集成概念，是厨电中新的细分品类。其优点在于排放方向与油烟向上的物理走向一致，排烟效率得到提高，同时由于大多数住宅公共烟道排风口在厨房上方，侧吸上排式集成灶有利于安装使用。

1.1.3 国内集成灶产品的关键核心技术

2016 年后，集成灶行业技术日趋成熟，在节能燃烧、高效排烟、智能控制、集成模块化等方面基本实现了专业化和标准化。

（一）节能燃烧系统

燃烧系统是集成灶的核心部件之一，它将燃气与空气混合并点燃，产生高温火焰来加热炊具。“十四五”以来，能源结构调整新政策出台，人们对节能、低碳、环保的呼声越来越高，集成灶燃烧系统也朝着高热效率、强安全性、低碳排放方向发展。

燃烧系统点火装置采用压电点火或脉冲点火方式，燃烧器中喷嘴是控制混合气流量的关键部件，火盖是将混合气均匀分配到各个火孔的重要部件。结合热力学研究与结构仿生研究，以改善混合气流量，控制最佳燃氧比，进而提高燃烧效率。同时基于多段火力控制技术，精准控制烹饪火候，并且深度融合新能源技术，开发新型高效燃烧系统。依托离子感应和热感应技术，配合高性能的传感器，实时监测燃烧系统稳定运行，保障用户安全。

火星人集成灶主要采用脉冲点火技术，可以实现秒速点火，节省燃气，提高安全性。森歌采用了全铜火盖和聚能支锅架，可以实现高效聚焰，提高热效率，减少油烟。美大采用了小腔体加长炉头，可以实现高温低气压的稳定燃烧，适合高层住宅。亿田采用了离子感应技术，可以实现自动断气，防止燃气泄漏。美大采用了热感应技术，可以实现自动断电，防止电路故障。

（二）高效低噪排烟系统

集成灶排烟系统主要包括集成灶头部结构、多翼离心风机系统、排风风道等关键部件，在油烟吸排过程中起重要作用。随着集成灶行业整体向健康环保、绿色低碳等方向发展，排烟系统技术也朝着高性能、低能耗等方面升级。

高效低噪排烟系统基于流动控制理论，依托气动特性捕捉、几何外形重构和气流耦合分析等前沿技术，突破排烟系统性能参数在极限尺寸下的设计缺陷，大幅度提高了排烟系统的气动性能，有效抑制排烟过程产生的宽频噪声，较大程度上满足强吸力、大风量、低噪声的产品需求。同时在主动防渍与自动清洁方面，通过制备易清洁纳米涂层涂敷在烟腔、叶轮和油网等结构表面，提高集成灶结构表面疏水疏油特性，采用电热自动清洗、热水清洗、蒸汽清洗等技术，将排烟系统上的顽固油污瓦解并使其脱落，保持较高洁净率。

森歌与浙江工业大学联合研发的新型双层多翼离心风机叶轮，通过优化风机叶片的型线结构，避免形成不合理的叶间流道，抑制对冲角产生的脱离损失，提高了叶片的稳定性，增大了有效流通面积，在降低多翼离心风机噪声的同时，让叶片更加经久耐用。

万事兴集成灶推出智能热清洗系统，配备电动电热清洗系统，自动加热融化油垢污渍，无须拆机清洗，使用110℃热清洗高温融化顽固油渍，最终高速甩掉油污，实现自动清洗，保障了烟机高效工作，打造了健康烹饪环境。

（三）智能控制系统

当前，集成灶产品技术不断升级，功能持续优化，在与物联网、互联网等技术发展的大潮融合下，智能控制技术不断引领并推动着集成灶行业向智能化、场景化、健康化发展。

智能控制系统基于网络通信技术，采用了传感器、控制器、执行器等设备，用户通过语音、手机App等方式进行操作与控制，实现对厨电系统的远程控制、智能调节和自动化管理。同时在用户使用过程中融入互动性设计，例如智能食谱、手势识别、多屏协同等多种功能，增强了用户自然与便捷的使用体验。在安全性方面，利用主动热源追踪技术，通过自学习和自适应寻找跟踪锅具、灶具状态，监测区域一旦异常高温，就会立即实施自动断气断电等安全保障措施。

亿田智能厨电为深度契合现代家居的科技厨房需求，推出数字化时代应运而生的 IoT 尖端互联技术，实现远程智控，打破厨房时空限制，为用户提供即时化、智能化、便捷化的厨房烹饪新体验，同时融合语音智控与智慧菜谱等内容，让食材制作以更直接、更快速、更准确的方式呈现，打造出具有操控和科技时尚感的家居生活新阵地。

海尔发明的 NTC 主动热源追踪技术，由感温探头感知锅具底部温度来精准判定锅内状态，测温精准，反应灵敏，在使用过程中出现干烧或者空燃状态时，通过连续蜂鸣报警并切断燃气等措施来保障用户安全。

（四）集成模块化系统

厨房模块化设计，以通过对功能模块进行集成创新，解决了厨房空间狭小与用户产品需求增加的矛盾性问题，同时模块化产品的可变性、灵活性能够有效降低用户更换橱柜的成本，实现可持续设计的目的。

集成灶多功能模块化系统，融合了美学、轻量化和自主选配性设计的理念，为用户带来了全新的厨房体验。工业美学设计，结合厨房空间与集成灶物理结构特征，实现二者有机融合，增强了产品艺术感与视觉享受感；轻量化设计以结构减重化、部件集成化和材料性能化为设计原则，兼顾尺寸限制与性能需求，打造集成灶产品超薄化；自主选配性设计为用户提供了更多选择和自主权，使用户可以根据自身喜好打造出独特而实用的厨房环境，实现个性化定制。

德普模块化一体式集成灶的可拆卸设计，为维修和清理提供了便利性，无论是烟机、灶台还是蒸烤箱，用户只需拆卸具体功能部件，进行维修或清理，而不需要对整个系统进行干预。这种设计不仅简化了维修流程，减少了维修成本，还提升了集成灶系统的可靠性和可维护性，为用户带来更加便捷和高效的使用体验。

方太分体式集成灶的设计，充分考虑到了用户的灵活性和维护便利性。通过灶台、蒸烤箱和负压箱的分体式设计，为用户营造了更加方便和舒适的烹饪环境。用户可以根据个人需求和厨房空间布局，选择合适的厨具模块，实现个性化的厨房体验。

1.2　国内集成灶产业简况

1.2.1 产业发展历程

2003 年，世界第一台集成灶在浙江美大实业股份有限公司诞生，将集成灶这个新产品带到了消费者市场，也正因为如此，美大才被冠上了集成灶开创者的称号。第一台集成灶采用的是深井环吸下排设计，虽然这种通过最近距离的吸附能大幅提升净油烟率，但其缺点也同样明显。由于灶面采用了下凹设计，限制锅具大小，其安全性也饱受诟病。深井下排集成灶采用的是灶面下凹的设计结构，这样会造成空气补充不足，燃烧不充分，燃气无法快速散去等问题，燃气很容易被卷入油烟机内部，引发爆炸。

2005 年，浙江亿田智能厨电股份有限公司发明侧吸式下排集成灶，采用了侧吸下排的方式，油烟经过侧面的油烟净化器，起到油烟分离和吸进油烟的效果，解决了第一代集成灶产品安全节能等问题。至此，集成灶逐渐形成两大主流技术流派，一个是集成灶行业的开创者美大发明的“环吸下排”集成灶技术，另一个就是浙江亿田智能厨电股份有限公司发明的“侧吸下排”集成灶技术。

事实上，早期的集成灶产品，无论是采用“环吸下排”还是“侧吸下排”的技术方案，都只是简单地停留在解决厨房油烟的思路上，真正拉开集成灶“大发展”序幕，还要归功行业的第三次转型升级，即 2011 年诞生了模块化侧吸下排集成灶。这种凭借产品设计升级来提高厨房利用度的思路，逐渐推进集成灶行业走向成熟。

1.2.2 产业发展现状

经过多年的产品生产、研发和市场发展，据不完全统计，国内的集成灶企业已超过 200 多家，形成了三大集成灶产业集群，分别为浙江嵊州、浙江海宁和广东佛山与中山。

在市场规模方面，2015 年至 2021 年，油烟机销量由 2671 万台降至 2150 万台，销售额由 341 亿元降至 333 亿元；同期，集成灶销量由 57 万台升至 304 万台，销售额由 36 亿元升至 256 亿元。尤其是 2020—2022 年间，集成灶是厨房电器中为数不多的逆势增长产品。2019—2022 年集成灶复合增长率达 23.5%，2022 年市场规模约 305 亿元，同比依然保持了两位数增长，达 14.3%。可见在面对同样的压力挑战下，集成灶的增长韧性要明显优于传统厨电。

在产品方面，集成灶产品从 2016 年起发展迅猛。2016 年至 2021 年，市场上的集成灶品牌由 131 个增长到了 298 个，企业数量增长超过130%，增速迅猛。2022年集成灶市场上，不仅有老板、方太先后推出集成灶，还有华帝加码拓展集成灶渠道、小米推出集成灶新品，苏泊尔、万家乐、万和、科恩、美的、海尔等也都纷纷加大了投入力度。2022年线上市场在销集成灶品牌数量为224个，较上一年增长17个；线下在销集成灶品牌数量为89个，较上一年增长16个。

2023年7月，为扩大内需、助力双循环新发展格局，国家住建部鼓励各地结合老旧小区改造，支持居民开展旧房装修和局部升级改造。随着社会生活质量的提高，人们对健康饮食的追求，必定会推动集成灶产品的发展。在此背景下，需要优化集成灶产品的设计体验，从而提升集成灶产品的市场竞争力。

1.2.3 未来发展趋势

作为厨电市场中的创新品类，经过近20年的发展，集成灶成为厨电品类中势头最好的单品之一。一方面，集成灶行业出现了有“四小龙”之称的4家上市企业：浙江美大实业股份有限公司、火星人厨具股份有限公司、浙江帅丰电器股份有限公司和浙江亿田智能厨电股份有限公司。另一方面，集成灶行业市场门槛并非很高，20年间未形成真正的行业壁垒。而伴随着老板、方太和华帝等传统厨电巨头纷纷入局，未来集成灶行业是否仍能维持高毛利率尚未可知。

当下人们越来越重视打造健康的厨房环境，厨房中的呼吸健康、烹饪健康成为更多人的追求。集成灶诞生之初的设计理念就是健康化，随着产品的不断发展，健康化理念会更加突出。我国居民在烹饪时喜欢重炒、煎炸，易产生大量油烟，若吸烟效果不好，会对室内空气造成污染，因此集成灶的控油烟能力受到消费者高度关注。通常，风量值越大，越能快速、及时地将厨房的油烟排尽。而风压决定了油烟能不能顺利排出，集成灶风压越大，油烟对家里厨房影响越小。因此，拥有大风压、大风量等领先优势的集成灶将更受消费者青睐。另外，随着消费者消费理念和需求的升级，越来越多的消费者追求品质化生活与多样化的美食享受，集成灶也需要满足消费者多样化烹饪组合的需求，能够实现更多蒸烤形式组合的集成灶产品，将成为未来发展的重点。由以上说明可知，健康理念、高端产品这两个方向将成为行业趋势。

1.3 集成灶专利分析的范围和方法

1.3.1 分析对象

本蓝皮书统计分析集成灶产业在全球、中国和浙江省的专利状况，并着重对比了浙江嵊州、浙江海宁以及广东佛山与中山三大产业集群的专利指标，揭示集成灶产业发展现状、热点、核心技术和存在的问题。在产业分析、技术分析及专利布局宏观态势分析成果的基础上，总结集成灶产业的专利技术发展动向，为集成灶技术产业发展提出相应对策建议。

1.3.2 分析过程

（一）资料搜集

在前期准备阶段，利用各种网络数据库和互联网网站初步检索涉及集成灶产业的相关信息，查找全球和国内集成灶产业报告、市场报告、研究论文、企业网站等多方面的资料。通过上述资料，从资料出处、各技术对应的重点企业、各技术对应的发展状况等多方面进行整合，为确定关键技术和项目分解奠定初步基础。

（二）调查研究

为确定分析对象、分析方法，项目组赴企业进行实地参观和调研，从集成灶产业的发展历史、技术构成、发展趋势、国内外主要优势企业等方面进行了解和分析，为理清集成灶技术产业的技术构成以及技术路线提供指导。

（三）检索策略的初步制定

本蓝皮书的专利数据均来自 incoPat 数据库。在检索过程中，采用关键词和分类号结合的方式编辑检索式，经过去噪，共检索到 7658 项专利族 7987 件专利，检索时间截至 2023 年 4 月 30 日。

（四）数据采集

数据采集阶段包括完善检索策略、进行专利检索，以及反复校验检索结果，在专利数据尽可能查全、查准的基础上力求减少噪音，再进行数据清洗和数据标引，来保证检索数据的完整性和准确性。

（五）专利分析

对采集和处理的专利数据综合运用数理统计、时间序列等专利分析方法，绘制各种图表，同时采用多种分析方法进行归纳和推理、抽象、概括，解读专利情报，挖掘专利信息所反映的本质问题，对国内外的专利技术和重点申请人的专利情况，进行整体态势、重点布局、发展方向以及技术重点等方面的研究分析。

1.3.3 相关事项约定

在 incoPat 的检索过程中，采用关键词、IPC 分类号、语义和相关度相结合的方式进行检索式编辑，形成针对集成灶主题的检索式，并实时根据检索结果迭代调整检索式中的关键词及相关度的设置，最终获得可靠的检索结果集。由于发明专利申请自申请日（有优先权的自优先权日）起 18 个月公布，实用新型专利申请在授权后才公布（其公布的滞后程度取决于审查周期的长短），而 PCT 专利申请可能自申请日起 30 个月甚至更长时间才进入国家阶段，其对应的国家公布时间就更晚。因此，检索结果中包含的 2022 年之后的专利申请量比真实的申请量要少，反映到各技术分支申请量年度变化的趋势中，将出现申请量曲线在 2022 年之后突然下滑的现象。

（一）对专利“项”和“件”数的约定

本报告涉及全球专利数据和中文专利数据。在全球专利数据中，将同一项发明创造在多个国家申请而产生的一组内容相同或基本相同的系列专利申请，称为“同族专利”，将这样的一组同族专利视为一项专利申请。

项：在进行技术分析时，对于数据库中以一族（这里的“族”指的是同族专利中的“族”）数据的形式出现的一系列专利文献，计算为“1项”。一般情况下，专利申请的项数对应于技术的数目。本报告在进行全球专利申请趋势分析时，年代以专利申请的最早优先权日为准，同族申请计为一项进行统计。

件：件数代表了专利申请量，以专利申请号数量来计量，是专利分析的最基本单位。在进行专利申请数量统计时，如为了分析申请人在不同国家、地区或组织所提出的专利申请分布情况，将同族专利申请分开进行统计，所得到的结果对应于申请的件数。1项专利申请可能对应于1件或多件专利申请。需要说明的是，中文文献中，对于不同公开级的同一篇文件，计为1件。例如，对于存在公开号和授权公布号的同一篇中文文献，认为是1件。对于中文文献中属于同样发明创造的发明和实用新型专利申请，系统认为是2件。

（二）术语含义约定

同族专利：同一项发明创造在多个国家申请专利而产生的一组内容相同或基本相同的专利文献出版物，称为“一个专利族”或“同族专利”。

专利所属国家或地区：专利所属国家或地区是根据专利申请的首次申请优先权国别来确定的，没有优先权的专利申请根据该项申请的最早申请国别确定。

授权：授权专利是指到检索截止日为止，处于授权状态的专利申请。

全球申请：包含全球所有国家/地区相关专利申请，包含范围最广。

中国申请：指中国知识产权局受理的全部相关专利申请，即包含国外申请人以及本国申请人向中国知识产权局提交的专利申请。

国内申请：指中国申请人向中国知识产权局提交的相关专利申请。

在华申请：指国外申请人在中国知识产权局的相关专利申请。

第二章　集成灶专利申请趋势分析

2.1　全球专利申请趋势分析

集成灶相关的全球专利申请趋势总体呈现上升趋势，如图 2-1 所示。根据专利申请数量及发展趋势，可以将集成灶技术发展分为以下 3 个阶段：

第一阶段（1974 年至 2006 年）：集成灶技术萌芽期。1974 年德国某公司的专利 DE2414993A1 和 DE7410876 报道了安装于厨房中的集成烹饪和烘烤并带有可折叠后倾斜或垂直立起的排油烟装置；2000 年中国台湾 xx 公司专利 TW089213828 报道了一种一体式除油烟灶台，设置有水箱、泵、排风扇及洒水装置，配合二层滤网及不等高度之洒水头，形成层层水幕，使抽入其中的油烟冷却混合，流入水箱中，再将净化后的空气向外排出，以此达到降低炒菜油烟的效果；随后的十几年里与集成灶相关的专利申请，仅在部分年份偶有零星报道。2005 年日本专利（JP2005202605）报道了一种用于消除烹调过程中油、蒸汽、不良气味和热的整体厨房系统中的一个空气处理装置，该装置包括一个空气通道入口，一个空气排放开口，一个连接所述入口和出口的空气通道，一扇鼓风机用于排气，一个循环水流量装置和一个水冷却式热交换器，水冷却式热交换器定位在一个循环水流量装置的下游。

第二阶段（2007 年至 2017 年）：集成灶技术进入发展初期。2007 年开始，集成灶专利申请量开始从两位数逐步增加到三位数。尽管在 2008、2015 年间申请量略有下降，但整体仍呈现增长态势。

第三阶段（2018 年至今）：集成灶技术进入快速增长期。该阶段每年专利申请量增长迅速，其中 2019 年超过了 1000 件，并于 2020 年达到峰值 1403 件。集成灶的产品从 2016 年起就发展迅猛，2016 年至 2021 年，中国市场上的集成灶品牌由 131 个增长到了 298 个，5 年内企业数量增长超过 130%。

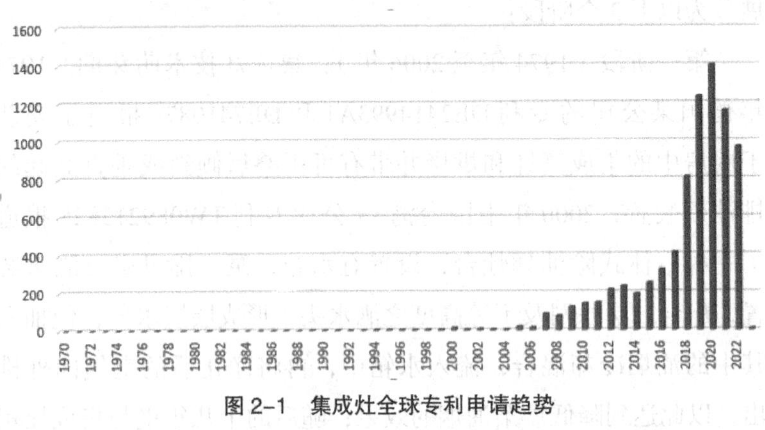

图 2-1　集成灶全球专利申请趋势

2.2　中国专利申请趋势分析

集成灶的中国专利申请趋势如图 2-2 所示，其曲线形状与全球专利申请趋势几乎趋同，这主要是由于集成灶从概念提出到现在有 20 年的发展历史，集成灶是根据中国式厨房的切实需求而诞生和发展的，适用于喜欢爆炒等易产生油烟的中式烹饪习惯的新型烟灶产品，因此其市场和相应的研发主要集中在中国。

1986 年郭亚明申请了“组合灶”实用新型专利：其由灶柜、灶箱、隔排气罩构成。灶柜上装有一个由余热水箱、烟道、两只锅孔、锅孔的封闭圈组成的灶箱；灶箱上装有一个由兼作锅盖的排气罩、排气风机、塑料托盘组成的隔排气罩。之后十年几乎没有相关的专利申请，1995 年之后集成灶有关的专利申请有所增长，除 1997 年之外，基本每年都有专利申请，但数量均维持在个位数。2002 年美大创始人夏志生申请了有关深井环吸（CN02203044.1）和侧吸强排（CN02234971.5）2 件实用新型专利。2005 年专利申请达到了 20 件，之后有短暂的波动。

2007 年集成灶行业开始进入发展期，市面上开始出现集成厨电，集成灶的专利申请量开始从两位数逐步增加到三位数。

2018 年之后进入快速增长期，每年申请量呈井喷式增长，创新活跃度持续走高，其中 2019 年超过了 1000 件，并于 2020 年达到峰值 1384 件。这期间，也正是集成灶产业快速发展阶段：2016 年，中国集成灶行业产量超过 70 万套，销售规模达到 30 亿元，产业发展开始进入快车道。同期，各大综合家电及厨电巨头相继加入集成灶市场，推动了行业规模的扩张及市场知名度的提升。2018 年，集成灶行业销售规模突破 100 亿元，成为厨电行业又一个市场规模过百亿元的细分行业。然而，中国专利申请量快速增长启动时间（2018 年），落后于品牌和产品数量快速增长的启动时间（2016 年），这提示我国集成灶行业的知识产权保护意识相对滞后。

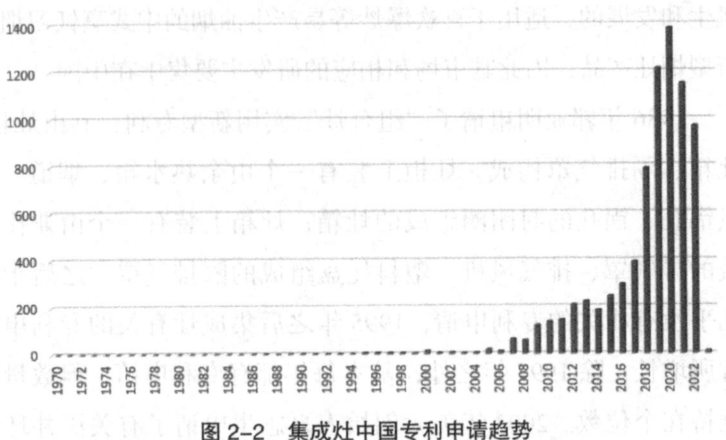

图 2-2 集成灶中国专利申请趋势

2.3 浙江省市县区专利申请趋势分析

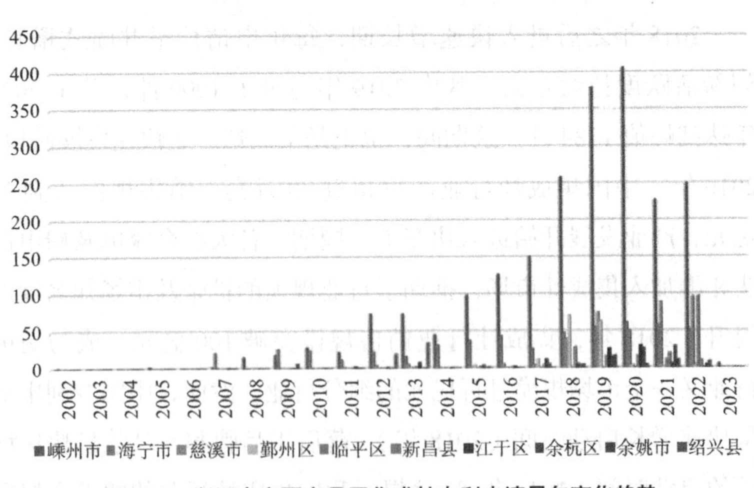

图 2-3 浙江省主要市县区集成灶专利申请量年变化趋势

图 2-3 显示了浙江省主要市县区集成灶专利申请的总体趋势：2002 年至 2005 年期间，仅有零星的集成灶相关专利报道；2006 年至 2016 年，每年专利数量逐渐增加；2018 之后进入快速增长期，并在 2020 年达到峰值。与图 2-2 中集成灶中国专利申请趋势基本保持一致。

除 2008 年外，2006 年至 2009 年间海宁每年的专利申请数量是省内最多，嵊州位列其后；从 2010 年起嵊州的集成灶专利申请量一直居首位，且从 2016 年起拉开了差距，年申请量遥遥领先排名第二的是海宁。位列第三的是慈溪市，尤其是 2018 年之后申请量快速增加，2021 年之后申请量超过海宁，仅次于嵊州。不同于嵊州和海宁的申请量是分散在多个申请人之间，慈溪的集成灶专利申请主要集中在方太，占比 9 成以上；与慈溪类似的是排在第五的杭州临平区，申请量主要集中在老板集团。全国集成灶行业的三大产业集群有两个位于浙江省，分别就在嵊州和海宁，嵊州汇聚着如亿田、帅丰、板川、金帝、森歌、奥田、蓝炬星、佳歌等众多知名的集成灶品牌；海宁则有着集成灶的开创者美大、火星人等企业。这些企业在集成灶领域布局了大量专利，为嵊州和海宁成为两大产业集群奠定了基础。

表 2-1 所列为浙江省早期的集成灶相关专利：2002 年海宁美大创始人夏志生申请的 2 件实用新型专利，2005 年嵊州早期申请的 2 件发明专利。

表 2-1　浙江省早期集成灶相关专利

专利名称	申请信息	摘要	法律状态 & 附图
燃气灶的排油烟机	CN02203044.1 2002-02-08 申请人：夏志生，吴中敏	该实用新型涉及一种燃气灶的排油烟机。其包括支架 (1)，燃气灶 (2)，位于燃气灶 (2) 外周的环形负压室 (3)，该环形负压室 (3) 的内侧为内凹形的抛物面 (4)，环形负压室 (3) 的下端与燃气灶 (2) 的外缘紧密配合，在该抛物面 (4) 的上部制有环形的吸风口 (5) 或呈环状分布的多个吸风口，该吸风口位于燃气灶的上方；所述环形负压室的下方通过集风管连接有吸风装置。其具有结构简单使用方便，能耗低，噪声小且排油烟效果好的优点	失效 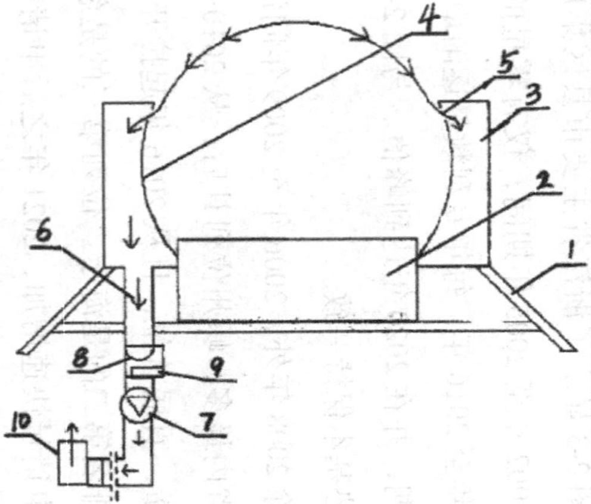 1 2 3 4 5 6 7 8 9 10

（续表）

专利名称	申请信息	摘要	法律状态 & 附图
深井侧吸强排式除油烟灶具	CN02234971.5 2002-05-29 申请人：夏志生	涉及一种深井侧吸强排式除油烟灶具。为解决现有技术无法彻底排除油烟污染的问题，其由支承体，灶具总成，除油烟系统构成。其特征在于所述除油烟系统包括一个环绕灶具侧面和上方侧面的筒形本体，该筒形本体的上部内缘分别制有相对分布的优弧状入风口和劣弧状出风口。所述的入风口进一步连接风导管、风机和排风管；所述的出风口进一步连接引风管和风源。因此，其具有结构简单、紧凑，排油烟效果彻底干净、噪声低和方便使用的优点。	失效 可写授权日期和失效日期，失效原因。 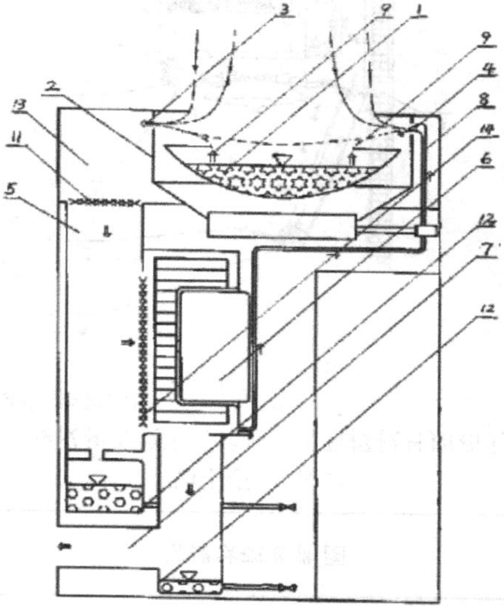

（续表）

专利名称	申请信息	摘要	法律状态 & 附图
油烟自吸燃气灶	CN200510061821.7 2005-12-05 申请人：刘一宪	发明涉及一种油烟自吸燃气灶，它的技术要求点是：集烟罩、挡烟板、烟罩座、销轴、吸烟箱、风机、限位销、净化器、排烟管、灶面板、灶底盘、集水盘、燃烧器、消毒柜、橱柜，其特征在于挡烟板活动安装在集烟罩的前部，集烟罩用销轴连接在烟罩座上活动翻转，烟罩座固定在吸烟箱的进风口上，从而使得当集烟罩翻起时能与吸烟箱相通。吸烟箱的箱体嵌装在橱柜的后部，插入橱柜面板下的烟箱体上装有风机、净化器、排烟管；灶底盘紧贴吸烟箱嵌装在橱柜的前部，灶底盘的中间装有燃烧器，燃烧器顶面高度低于灶面板的最高点，灶面板由集水盘定位压装在灶底盘上，在灶底盘的底部装有消毒柜。这样构成的油烟自吸燃气灶不仅可高效地吸走油烟，有效地保护烹饪者的健康，而且节能，保护环境，节约材料。	发明授权、失效 授权和失效不可并列。可写授权日期和失效日期，失效原因。

（续表）

专利名称	申请信息	摘要	法律状态 & 附图
集烟罩翻盖式吸油烟机	CN200520015478.8 2005-10-11 申请人：刘一宪	该实用新型涉及一种集烟罩翻盖式的吸油烟机。其结构包括：挡烟板、集烟罩、集烟罩座、吸烟柜、灶台面板、风机、净化器。其特征在于集烟罩用活动销轴安装于集烟罩座上，在90度内自由翻动，集烟罩座固定于吸烟柜的进风口上，挡烟板安装于集烟罩前上方，吸烟柜嵌装在灶台面板的后方，吸烟柜伸入灶台面板下面的柜体上装有风机、净化器。当吸油烟机工作时，只要将集烟罩翻起至限位销卡紧，斜立于燃气灶的后方，就能近距离将烹饪产生的油烟在低于人体呼吸道时被吸走排出室外，烹饪者不会吸入有害油烟。烹饪结束后，变动限位卡销旋钮，就可将集烟罩翻下卧盖在燃气灶上，这样既解决了其他吸油烟机滴油、漏油的问题，又改善了整体灶台面上的卫生，美观大方。	授权、失效 授权和失效不可并列。可写授权日期和失效日期、失效原因。 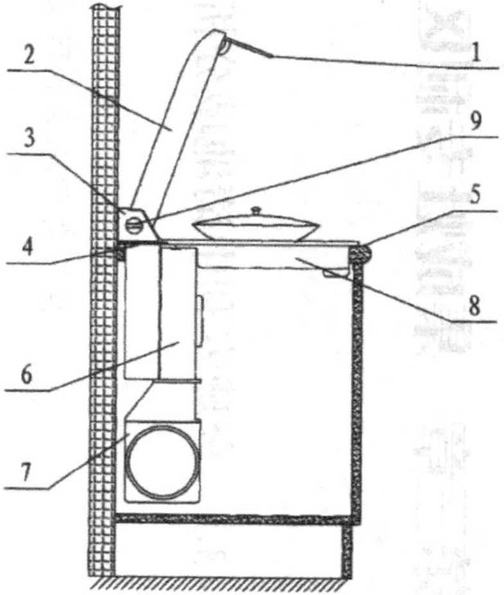

第三章　集成灶专利区域布局分析

3.1　全球专利申请地域分析

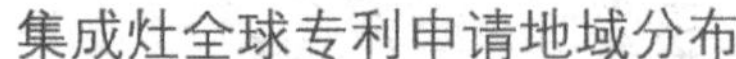

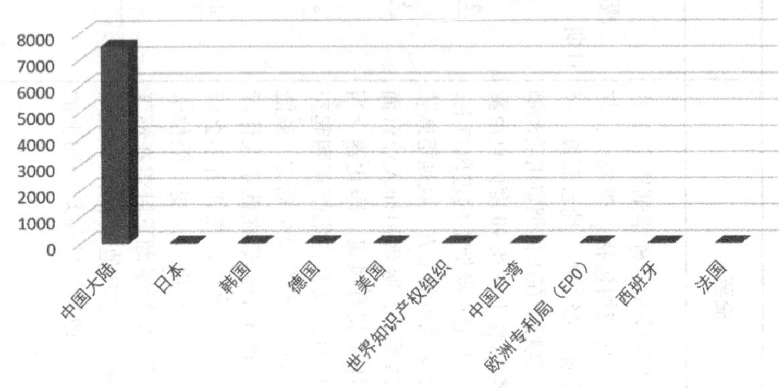

图 3–1　全球专利申请地域分布

图 3-1 为集成灶相关专利全球申请地域分布：申请量最多的是中国（7484 项，其中中国大陆 7456 项，中国台湾 19 项）、其次分别为日本（36 项）、韩国（33 项）、德国（28 项）、美国（24 项）、西班牙（10 项）和法国（9 项），由此可见：集成灶相关技术研发和市场还是以中国为主。

3.2 中国专利申请地域分析

图 3-2 是集成灶技术产业国内申请主要省市专利申请量情况：就省市区域来说，浙江省集成灶领域专利申请量最多，4308 项，占比 57.90%，其次为广东，1562 项，占比 20.83%，这两个省占据了全国将近 80% 的申请量。接着是山东、安徽、江苏、四川、湖南、福建、上海、北京等，分别占 4.71%、3.79%、2.95%、1.08%、1.00%、0.97%、0.95% 和 0.83%。从国内申请地域来看，主要申请人集中在长三角和珠三角地区，中西部省份申请量占比不到 10%，差距十分悬殊。专利与产业创新活动密不可分，而产业的发展又与经济水平密切相关，所以专利区域分布受动态经济驱动力影响很大，与区域的经济发展水平有很大的相关性。申请量和区域经济发展以及集成灶行业的发展状况密不可分，浙江和广东是我国经济实力雄厚的地区，因此两地科技创新和集成灶行业的发展也是处于前列。

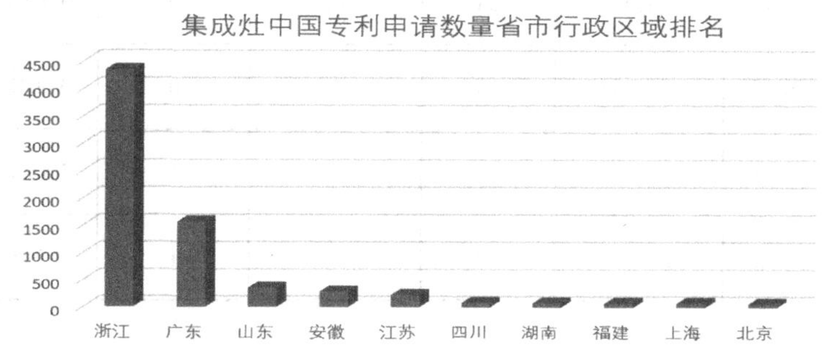

图 3–2 集成灶中国专利申请数量省市行政区域排名

表 3-1 所示：专利申请量最多的是浙江省和广东省。浙江省发明专利占比 57.7%，发明授权率 18.38%；广东省发明专利占比 20.92%，发明授权率 13.21%。对标中国基本情况（发明 / 授权情况）可见，在集成灶行业，实用新型专利占据了大多数，发明授权率较低，该领域的专利技术创造性有待进一步提高。

表 3–1　集成灶技术产业国内申请主要省市专利情况

省市	申请量 / 占比	有效量	发明专利数量	发明授权量	授权率
浙江省	4308/57.7%	2820	691	127	18.38%
广东省	1562/20.92%	1114	371	49	13.21%
山东省	353/4.73%	212	105	12	11.43%
安徽省	284/3.80%	153	91	5	5.49%
江苏省	221/2.96%	108	41	9	21.95%
四川省	81/1.08%	44	5	1	20.00%
湖南省	75/1.00%	28	12	0	0.00%
福建省	73/0.98%	38	7	0	0.00%
上海市	71/0.95%	37	17	1	5.88%
北京市	62/0.83%	27	7	1	14.29%

3.3　浙江省专利申请地域分析

浙江省范围内，嵊州地区申请的集成灶相关专利数量占有绝对优势，如图 3-3。

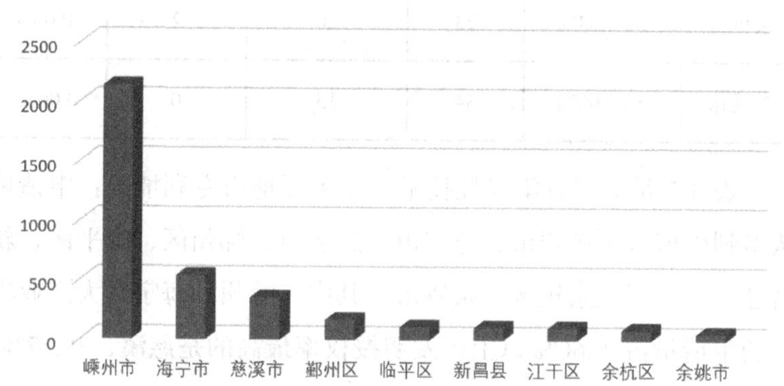

图 3–3　集成灶浙江省专利申请数量省市区县行政区域排名

表 3–2　浙江省集成灶技术产业主要地市专利情况

地市	申请量 / 占比	有效量	发明专利数量	发明授权量	授权率
嵊州市	2134/49.54%	1384	298	56	18.79%
海宁市	536/12.44%	368	67	19	28.36%
慈溪市	351/8.15%	293	104	32	30.77%
鄞州区	167/3.88%	133	26	0	0.00%

（续表）

地市	申请量 / 占比	有效量	发明专利数量	发明授权量	授权率
临平区	110/2.55%	86	24	1	4.17%
新昌县	104/2.41%	91	3	0	0.00%
江干区	102/2.37%	64	16	0	0.00%
余杭区	88/2.04%	73	20	2	10.00%
余姚市	58/0.00%	34	13	0	0.00%

表 3-2 是浙江省集成灶技术产业主要地市专利情况：申请量从多到少依次为嵊州市、海宁市、慈溪市、鄞州区、临平区、新昌县、江干区、余杭区、余姚市。其中，嵊州和海宁两大产业集群的申请量占比 60% 以上。发明授权率最高的是慈溪，30.77%；其次是海宁，28.36%；嵊州排第三，授权率为 18.79%。

第四章　集成灶专利技术分析

4.1　全球专利技术构成分析

图 4-1 和表 4-1 展示了集成灶全球专利 IPC 技术分类，排在前 3 位的技术分类分别是：F24C15/20 烹调烟气的排除；F24C3/00 气体燃料的炉或灶；A47B77/08 与用动力（包括水力）操作的装置相结合的，与烹调、冷却或洗涤装置相结合的。

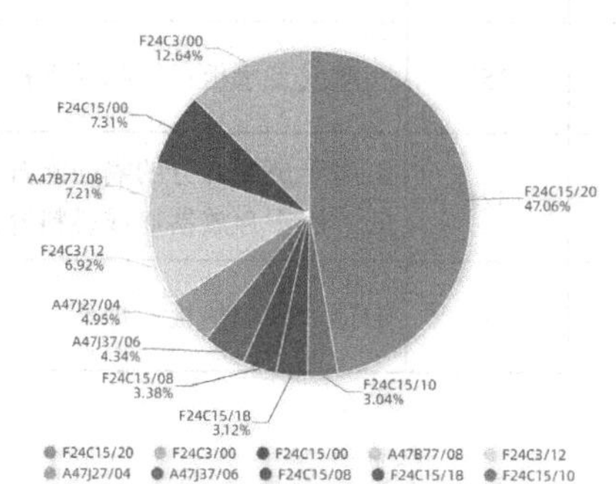

图 4-1　集成灶全球专利技术 IPC 分类（TOP10）

表 4-1　集成灶全球专利技术 IPC 分类含义

IPC 分类号（小组）	专利数量	IPC 分类号含义
F24C15/20	4836	烹调烟气的排除

（续表）

IPC 分类号（小组）	专利数量	IPC 分类号含义
F24C3/00	1303	气体燃料的炉或灶
A47B77/08	760	与用动力（包括水力）操作的装置相结合的；与烹调、冷却或洗涤装置相结合的
F24C15/00	756	零部件
F24C3/12	712	控制或安全装置的配置或安装
A47J27/04	518	在蒸汽中烹调食品用的；用蒸汽提取水果汁的装置
A47J37/06	454	烘烤器；烤肉格子；烤三明治的格子
F24C15/08	357	底座或支承板；炉脚或支柱；外壳；轮子
F24C15/18	326	附属于烹调部分的隔间配置，例如用于加温的，用于存放器皿或燃料容器的
F24C15/10	312	炉顶，例如热板；炉环

4.2　中国专利技术构成分析

图 4-2 和表 4-2 展示的是集成灶中国专利 IPC 技术分类，排在前 3 位的技术分类分别是：F24C15/20 烹调烟气的排除；F24C3/00 气体燃料的炉或灶；A47B77/08 与用动力（包括水力）操作的装置相结合的，与烹调、冷却或洗涤装置相结合的。图 4-3 中国集成灶专利聚类显示：集成灶国内专利热点技术集中在

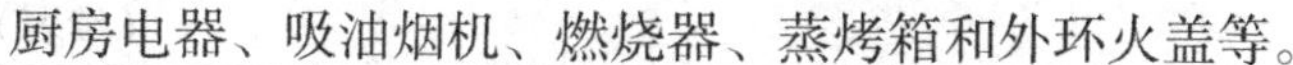
厨房电器、吸油烟机、燃烧器、蒸烤箱和外环火盖等。

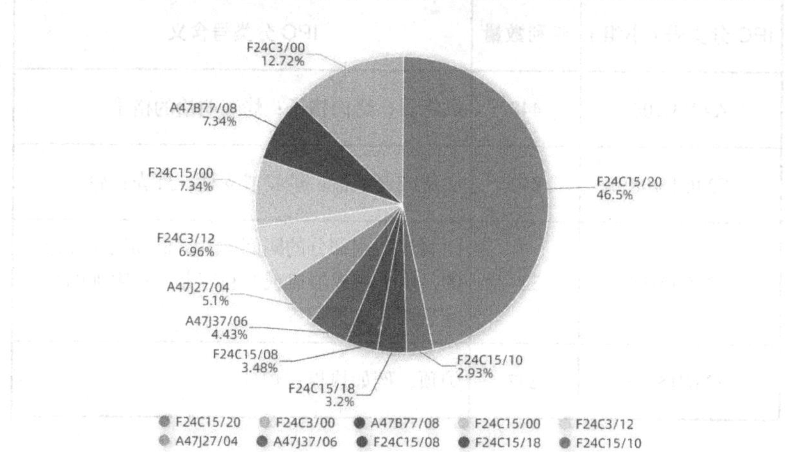

图 4-2 集成灶中国专利技术 IPC 分类

表 4-2 集成灶中国专利技术 IPC 分类含义

IPC 分类号(小组)	专利数量	IPC 分类号含义
F24C15/20	4707	烹调烟气的排除
F24C3/00	1288	气体燃料的炉或灶
A47B77/08	743	与用动力(包括水力)操作的装置相结合的;与烹调、冷却或洗涤装置相结合的
F24C15/00	743	零部件
F24C3/12	704	控制或安全装置的配置或安装
A47J27/04	516	在蒸气中烹调食品用的;用蒸气提取水果汁的装置

（续表）

IPC 分类号（小组）	专利数量	IPC 分类号含义
A47J37/06	448	烘烤器；烤肉格子；烤三明治的格子
F24C15/08	352	底座或支承板；炉脚或支柱；外壳；轮子
F24C15/18	324	附属于烹调部分的隔间配置，例如用于加温的，用于存放器皿或燃料容器的；附加的加热或烹调装置的配置
F24C15/10	297	炉顶，例如热板；炉环

图 4-3　集成灶中国专利聚类分析

4.3　国内主要省市专利技术构成分析

图 4-4 为 2004 年至 2023 年集成灶国内主要省份的技术构成。从绝对数量上看，浙江省各技术分支的申请量在各主要省份中均位于首位。其中，浙江省在 F24C15/20（烹调烟气的排除）的专利申请为 2773 件，F24C3/00（气体燃料的炉或灶）的专利

申请为 720 件，F24C15/00（零部件）481 件，A47B77/08（与用动力（包括水力）操作的装置相结合的或与烹调、冷却或洗涤装置相结合）的 409 件，F24C3/12（控制或安全装置的配置或安装）378 件，A47J27/04（在蒸气中烹调食品用的或用蒸气提取水果汁的装置）294 件，A47J37/06（烘烤器；烤肉格子；烤三明治）256 件，F24C15/08（底座或支承板；炉脚或支柱）234 件，F24C15/18（附属于烹调部分的隔间配置）214 件，F24C15/10（炉顶，如热板、炉环）181 件。排名第二的为广东省，其 TOP10 技术分支的专利申请量分别为 1020 件、298 件、143 件、177 件、171 件、131 件、110 件、64 件、54 件和 61 件。

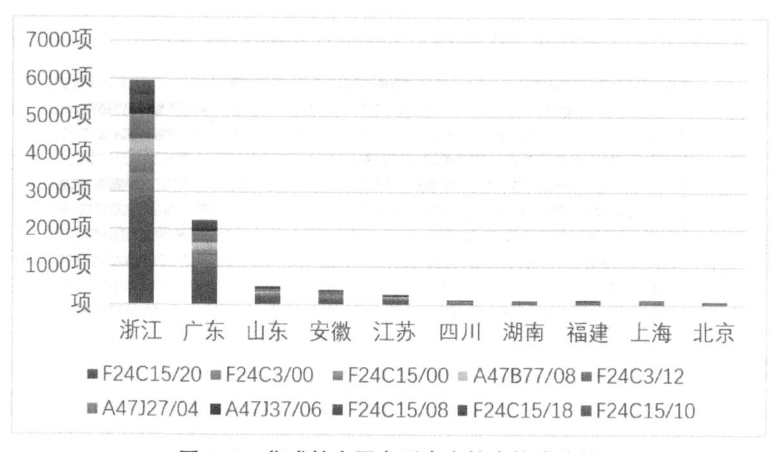

图 4–4　集成灶中国专利省市技术构成分析

图 4-5 和表 4-3 进一步分析了该领域国内主要省份各技术分支的占比情况。可以看出，排名前十的省份均表现出在 F24C15/20（烹调烟气的排除）技术分支的专利占比最多，均值达到 48.89%%。其次为 F24C3/00（气体燃料的炉或灶的），平均值为 13.52%，安徽和上海这一领域的专利比重相对较多，分别

是 22.11% 和 18.52%。在 F24C3/12 控制或安全装置的配置或安装方面，安徽和上海也超过了全国均值 6.36%，达到了 10% 以上。对比浙江和广东两省的数据，广东的专利申请在 F24C3/00（气体燃料的炉或灶的）、A47J27/04（蒸）、A47B77/08（清洗）、F24C3/12（控制）和 A47J37/06（烤）方面占比更高，而浙江在 F24C15/20（烟气的排除）、F24C15/00（零部件）、F24C15/08（底座或支承板；炉脚或支柱；外壳；轮子）、F24C15/10（炉顶；炉环）等领域的专利占比更多。相比较而言，广东更侧重于蒸烤一体集成灶相关技术的研发，浙江则侧重于烟气排放技术、零部件及支撑结构的研发。

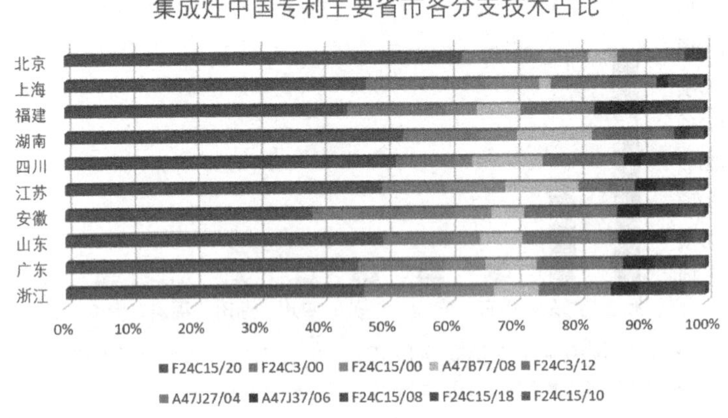

图 4-5　集成灶中国专利主要省市各分支技术占比

表 4-3　集成灶中国专利主要省市各分支技术 IPC 占比

	浙江	广东	山东	安徽	江苏	四川	湖南	福建	上海	北京	平均
F24C15/20	46.68%	45.76%	49.79%	38.69%	49.62%	51.82%	52.94%	44.23%	47.22%	62.12%	48.89%

（续表）

	浙江	广东	山东	安徽	江苏	四川	湖南	福建	上海	北京	平均
F24C3/00	12.12%	13.37%	10.76%	22.11%	9.92%	9.09%	11.76%	15.38%	18.52%	12.12%	13.52%
F24C15/00	8.10%	6.42%	4.22%	5.78%	9.16%	2.73%	5.88%	4.81%	8.33%	7.58%	6.30%
A47B77/08	6.89%	7.94%	6.54%	5.03%	11.45%	10.91%	11.76%	6.73%	1.86%	4.55%	7.37%
F24C3/12	6.36%	7.67%	6.33%	10.30%	6.11%	10%	9.41%	4.81%	10.19%	10.61%	8.18%
A47J27/04	4.95%	5.88%	8.65%	4.27%	2.67%	2.73%	3.53%	6.73%	6.48%	0	4.59%
A47J37/06	4.31%	4.93%	7.59%	3.52%	3.44%	2.73%	0	7.69%	1.85%	0	3.61%
F24C15/08	3.94%	2.87%	1.69%	2.76%	3.05%	4.55%	1.18%	2.88%	0	1.52%	2.44%
F24C15/18	3.60%	2.42%	2.32%	3.52%	1.53%	2.73%	1.18%	2.88%	0	1.52%	2.17%
F24C15/10	3.05%	2.74%	2.11%	4.02%	3.05%	2.73%	2.35%	3.85%	5.56%	0	2.95%

第五章　集成灶产业专利申请人和发明人分析

5.1　专利国际申请主要专利申请人分析

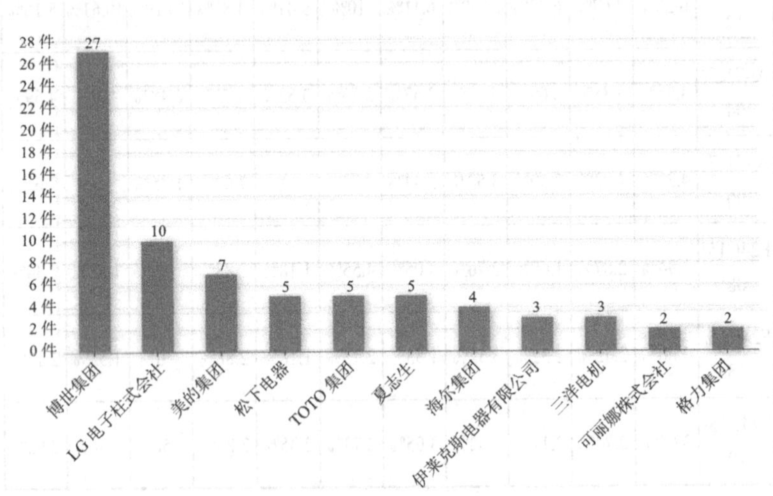

图 5–1　集成灶专利国际申请主要专利申请人

图 5-1 展示的是集成灶国外专利主要申请人分布。排在前列的分别是：博世集团、LG 电子株式会社、美的集团、松下电器、TOTO 集团、夏志生、海尔集团、伊莱克斯家用电器股份公司、三洋电机、可丽娜株式会社、格力集团等。图 5-2 显示国际申请主要聚焦在排烟和整体厨房等领域。

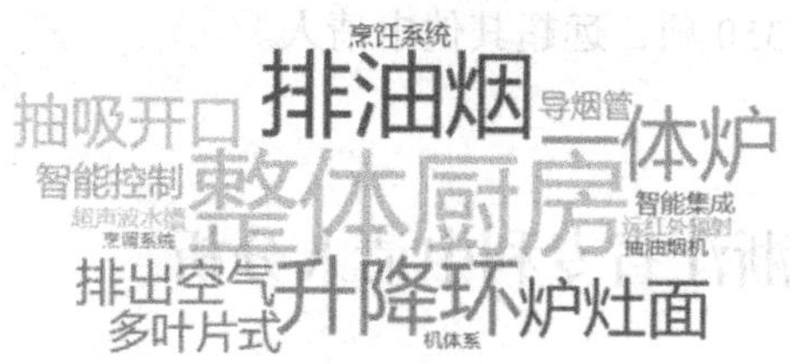

图 5-2　集成灶国外相关专利申请聚类

5.2　中国专利申请人分析

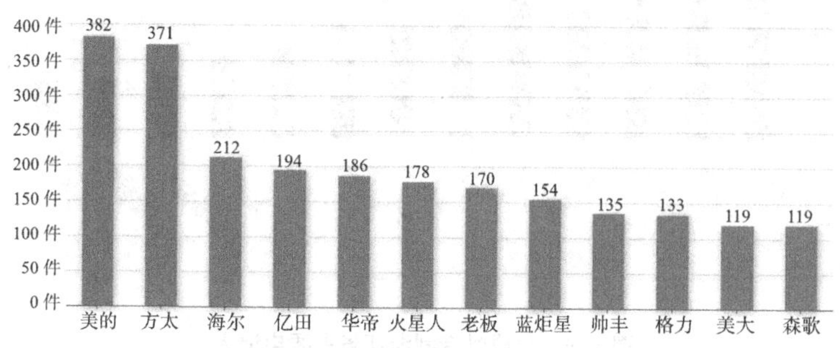

图 5-3　集成灶中国专利主要申请人

图 5-3 为集成灶中国专利申请量排名靠前的申请人。依次为：美的集团、宁波方太厨具有限公司、海尔集团、浙江亿田智能厨电股份有限公司、华帝股份有限公司、火星人厨具股份有限公司、杭州老板电器股份有限公司、浙江蓝炬星电器有限公司、浙江帅丰电器股份有限公司、珠海格力电器股份有限公司、浙江美大实业股份有限公司、浙江森歌智能厨电股份有限公司。除海尔集团是山东的，基本都是浙江和广东的申请人。其中，亿田、蓝炬星、帅丰、森歌为嵊州企业。申请数量上，美的集团和方太的专利申

请量均超过 350 项，远超其他申请人。

5.3　浙江省专利申请人分析

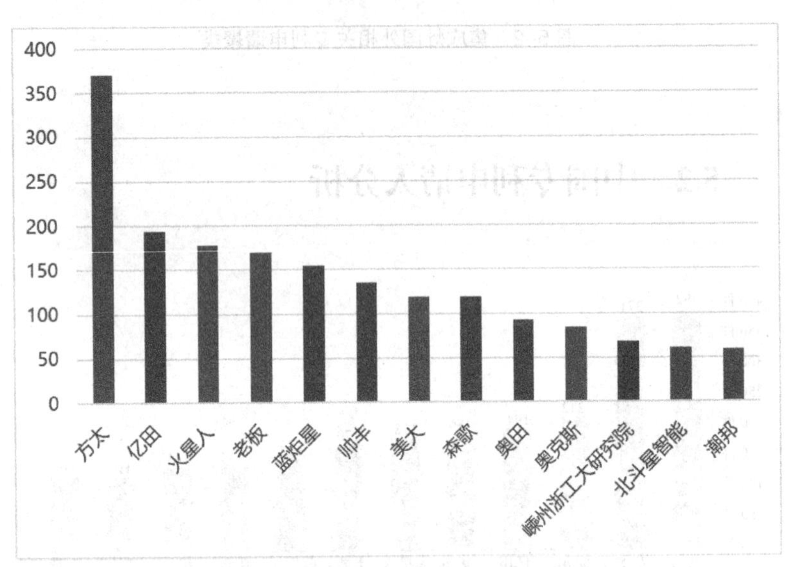

图 5-4　集成灶专利浙江省主要申请人

图 5-4 为集成灶专利浙江省主要申请人。依次为：宁波方太厨具有限公司、浙江亿田智能厨电股份有限公司、火星人厨具股份有限公司、杭州老板电器股份有限公司、浙江蓝炬星电器有限公司、浙江帅丰电器股份有限公司、浙江美大实业股份有限公司、浙江森歌智能厨电股份有限公司、浙江奥田电器股份有限公司、宁波奥克斯电气有限公司、嵊州市浙江工业大学创新研究院、北斗星智能电器有限公司等。其中，亿田、蓝炬星、帅丰、森歌、奥田、嵊州市浙江工业大学创新研究院 6 家企业来自嵊州。

5.4 中国专利发明人及其团队分析

表 5–1　集成灶中国专利主要发明人申请量

发明（设计）人	专利数量（含个人申请）	所在公司（申请人）	发明占比
潘叶江	182	华帝	99%
任富佳	169	老板	99%
邓鹏飞	168	海尔	82%
钱松良	155	蓝炬星	100%
杨均	152	方太	45%
付成冲	128	海尔	63%
孙伟勇	110	亿田	58%
陈月华	110	亿田	58%
夏志生	107	美大	99%
罗灵	104	方太	31%

发明人阵容不仅可以从整体上反映主要申请人的研发实力，而且通过发明人阵容分析，可以发现主要申请人的核心发明人以

及核心发明人的核心研究领域，为日后对相关研发领域的持续关注和相关技术人才的研发合作提供一定参考意义。

表 5-1 为集成灶中国专利申请主要发明人排序，排名前十的发明人分别来自 7 家公司：华帝、海尔集团、美大、老板、蓝炬星、方太和亿田。其中，排名第一的潘叶江来自华帝、排名第二的任富佳来自老板、排名第三的邓鹏飞和第六的付成冲来自海尔集团、排名第四的钱松良来自蓝炬星、排名第五的杨均和第十的罗灵来自方太、排名第七和第八的陈月华和孙伟勇来自亿田，排名第九的夏志生来自美大。

其中，华帝、老板、美大、蓝炬星的发明人参与公司 90% 以上的专利申请，亿田和海尔集团的发明人参与公司 50%—70% 的专利申请，方太的发明人参与公司 26%—38% 的专利申请。这些发明人均为各自公司的核心或主要发明人，通过追踪这些发明人的研发活动，可以了解其所在公司的技术研发重点和趋势，企业也可以根据自己的专利战略和研发趋势与这些发明人进行研发合作。

表 5–2　集成灶中国专利近 3 年主要发明人申请数量

发明（设计）人	专利数量（含个人申请）	所在公司（申请人）	发明申请占比
任富佳	158	老板	99%
潘叶江	135	华帝	100%
邓鹏飞	117	海尔	80%

（续表）

发明（设计）人	专利数量（含个人申请）	所在公司（申请人）	发明申请占比
付成冲	106	海尔	71%
杨均	99	方太	45%
彭小康	87	美的	32%
周水清	76	嵊州浙工大研究院等	94%
李承鹏	66	海尔	45%
王秀飞	60	海尔	41%
张康康	58	海尔	39%

表 5-2 为集成灶中国专利近 3 年主要发明人以及申请数量：老板的任富佳、华帝的潘叶江和嵊州市浙江工业大学创新研究院的周水清参与所属公司 / 机构 90% 以上的专利申请，海尔的邓鹏飞、付成冲参与所属公司 71%—80% 的专利申请，方太的杨钧、美的的彭小康和海尔的李承鹏、王秀飞、张康康参与所属公司 32%—45% 的专利申请。

表 5–3　集成灶中国授权专利主要发明人申请数量

发明（设计）人	专利数量（含个人申请）	所在公司	授权发明占比
夏志生	12	美大	75%

（续表）

发明（设计）人	专利数量（含个人申请）	所在公司	授权发明占比
杨均	12	方太	16%
邓鹏飞	9	海尔	12%
李怀峰	8	方太	11%
罗灵	8	方太	11%
戎胡斌	7	方太	9 %
蒋济武	7	美的	5%
钱松良	7	蓝炬星	28%
付成冲	6	海尔	8%
黄友根	6	方太	8%

表5-3为集成灶中国授权专利主要发明人排序。排名前十的发明人来自6家公司：美大的夏志生（12件），方太的杨均（12件），罗灵（8件），戎胡斌（7件），李怀峰（8件）和黄友根（6件），海尔集团的邓鹏飞（9件）和付成冲（6件），美的的蒋济武（7件），蓝炬星的钱松良（7件）。

由表5-1、表5-2和表5-3可见宁波方太厨具有限公司和海尔集团在集成灶技术领域的人才积累相对雄厚，尤其是宁波方太厨具有限公司。

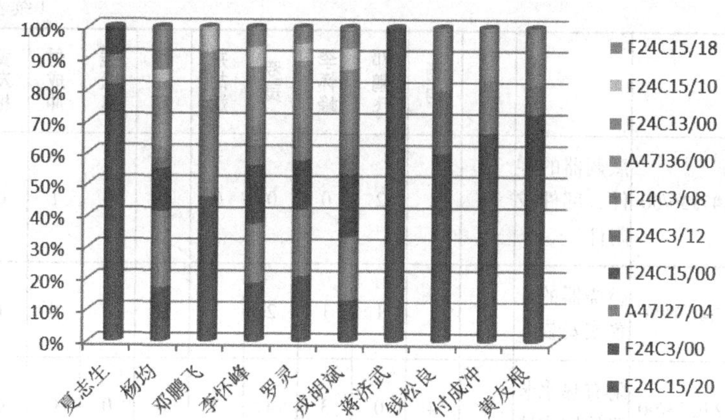

图 5–5　集成灶中国授权专利主要发明人 IPC 技术构成

表 5–4　集成灶中国授权专利主要发明人 IPC 技术构成

		夏志生	杨均	邓鹏飞	李怀峰	罗灵	戎胡斌	蒋济武	钱松良	付成冲	黄友根
F24C15/20	烹调烟气的排除	8	2	6	1	2	1	7	2	4	6
F24C3/00	气体燃料的炉或灶	1	3	0	2	2	1	0	1	0	0
A47J27/04	在蒸汽中烹调食品用的；用蒸汽提取水	1	7	3	3	4	3	0	0	1	0
F24C15/00	零部件	1	4	0	3	3	3	0	0	0	2
F24C3/12	控制或安全装置的配置或安装	0	1	0	1	0	1	0	1	0	1

（续表）

		夏志生	杨均	邓鹏飞	李怀峰	罗灵	戎胡斌	蒋济武	钱松良	付成冲	黄友根
A47J36/00	烹调器的零件、部件或附件	0	2	2	0	0	0	0	0	1	0
F24C3/08	燃烧器的配置或安装	0	1	1	1	2	1	0	0	0	1
F24C13/00	附有热水装置的炉或灶	0	4	0	3	4	3	0	0	0	0
A47J36/38	从烹调器中排出或冷凝蒸汽的	0	5	0	2	3	2	0	0	0	0
A47J37/06	烘烤器；烤肉格子；烤三明治的格子	0	3	1	1	2	1	0	0	1	0

图5-5和表5-4显示的是集成灶中国授权专利主要发明人IPC技术构成。美大夏志生的专利分布在4个类别，但主要集中在F24C15/20（烹调烟气的排除）方面，在F24C3/00（气体燃料的炉或灶）、A47J27/04（在蒸汽中烹调食品用的；用蒸汽提取水果汁的装置）和F24C15/00（零部件）有少量涉及；方太杨均、李怀峰、罗灵、戎胡斌的发明几乎涉及全部8—10个类别，主要集中在A47J27/04（在蒸汽中烹调食品用的；用蒸汽提取水果汁的装置）、F24C13/00（附有热水装置的炉或灶）、A47J36/38（从烹调器中排出或冷凝蒸汽的）、F24C3/00（气体燃料的炉或灶）、

A47J37/06（烘烤器；烤肉格子；烤三明治的格子）等方面；宁波方太厨具有限公司黄友根主要集中在F24C15/20（烹调烟气的排除）和F24C15/00（零部件）等方面；海尔集团邓鹏飞的专利主要集中在F24C15/20（烹调烟气的排除）、A47J27/04（在蒸汽中烹调食品用的；用蒸汽提取水果汁的装置）和A47J36/00（烹调器的零件、部件或附件）等方面；美的集团蒋济武的发明集中在F24C15/20（烹调烟气的排除）方面；蓝炬星钱松良的发明主要集中在F24C15/20（烹调烟气的排除）、F24C3/00（气体燃料的炉或灶）和F24C3/12（控制或安全装置的配置或安装）方面。

5.5　集成灶产业部分重点申请人分析

本蓝皮书选取了具有代表性的集成灶企业开展专利分析，其中博世和西门子家用电器集团（以下简称“博西家电”）是国外在华专利布局最多的企业；亿田、帅丰、森歌、蓝炬星、美多是嵊州市集成灶产业的代表企业；美大、火星人是海宁地区集成灶产业的代表企业；方太、美的、海尔是集成灶专利申请量最多的代表企业。

5.5.1 浙江亿田智能厨电股份有限公司

浙江亿田智能厨电股份有限公司创立于2003年，是一家集专业研发、生产、销售、服务为一体的高端厨电及不锈钢橱柜集成解决方案的制造企业，产品涵盖蒸烤独立集成灶、蒸箱集成灶、消毒柜集成灶、烤箱集成灶、洗碗机集成灶、碗柜集成水槽、洗碗机集成水槽、嵌入式蒸烤箱等多个产品类别。浙江亿田智能厨电股份有限公司荣获浙江省人民政府质量奖，以及“浙江制造”认证。2020 年 12 月 3 日，亿田智能登陆深圳交易所创业板成功上市。

技术优势包括：侧吸下排技术，实现 99.95% 油烟吸净率，使整个行业从环吸下排步入侧吸下排时代；下置式风道结构，使噪音远离人耳，可用空间深度增加 12 cm，空间容量增加 15%；研发洗碗机集成灶，一次性解决烹饪、油烟、洗碗问题；5.0KW 火力、一级能效燃烧器，加热更快，耗能更少；全不锈钢风道系统，防火、防锈、防渗漏。

浙江亿田智能厨电股份有限公司集成灶中国专利申请 391 件，其中发明申请 101 件，发明授权 13 件，实用新型 271 件；有效专利 274 件（含审中 86 件），失效 27 件。图 5-6 为浙江亿田智能厨电股份有限公司集成灶中国专利申请—公开趋势显示。

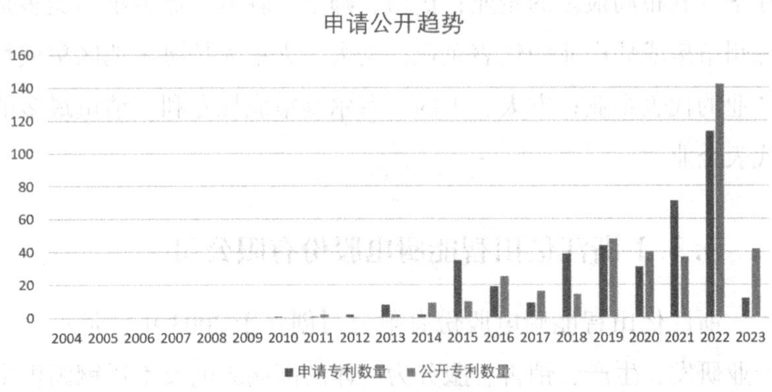

图 5-6　浙江亿田智能厨电股份有限公司集成灶中国专利申请—公开趋势

表 5-5　浙江亿田智能厨电股份有限公司集成灶中国专利申请 IPC 技术构成

IPC 分类号（小组）	专利数量	含义
F24C15/20	116	烹调烟气的排除
A47J27/04	48	在蒸汽中烹调食品用的；用蒸气提取水果汁的装置
A47J36/00	36	烹调器的零件、部件或附件
F24C15/00	36	零部件
A47B77/08	28	与用动力（包括水力）操作的装置相结合的；与烹调、冷却或洗涤装置相结合的
A47J37/06	26	烘烤器；烤肉格子；烤三明治的格子
A47J27/00	23	烹调器皿
F24C3/00	21	气体燃料的炉或灶
F24C15/08	19	底座或支承板；炉脚或支柱；外壳；轮子
F24C3/12	14	控制或安全装置的配置或安装

表 5-5 显示了浙江亿田智能厨电股份有限公司集成灶中国专利申请的 IPC 技术构成，主要集中在烟气排除（F24C15/20）、蒸（A47J27/04）、A47J36/00（烹调器的零件、部件或附件）、炉灶（F24C15/10、F24C3/00），清洗（A47B77/08）、烤（A47J37/06）、A47J27/00（烹调器皿）、控制（F24C3/12）等领域。

5.5.2 浙江帅丰电器股份有限公司

浙江帅丰电器股份有限公司创立于 1998 年，位于浙江省嵊州市，拥有国家认可实验室，是同时参与国际、国家、团体和行业三标准起草与制定的单位，已参与 43 个标准的起草制定。帅丰集成灶，是集成灶行业领军品牌，也是集成灶行业首家获得 CCTV《大国品牌》的企业。根据欧睿国际权威调研数据显示，浙江帅丰电器股份有限公司蒸烤一体集成灶，2019—2021 连续三年全国蒸烤一体款集成灶销量领先品牌。其最新推出的产品是集油烟机、燃气灶、蒸烤箱、消毒柜等功能于一体的集成厨房，在 1 平方米（$1M^2$）的空间内，能拥有多种厨电功能，实现上有爆炒、下有蒸烤的高度集成优势。

浙江帅丰电器股份有限公司集成灶中国专利申请 285 件，其中发明申请 34 件，发明授权 10 件，实用新型 231 件；有效专利 216 件（含审中 34 件），失效 25 件。图 5-7 为浙江帅丰电器股份有限公司集成灶中国专利申请—公开趋势显示。

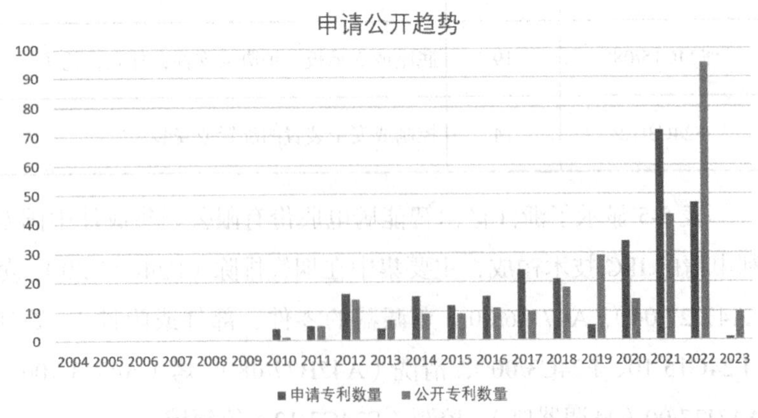

图 5-7 浙江帅丰电器股份有限公司集成灶中国专利申请—公开趋势

表 5-6 显示了浙江帅丰电器股份有限公司集成灶中国专利申请的 IPC 技术构成，主要集中在烟气排除（F24C15/20）、炉灶（F24C3/00、F24C15/10）、降噪（F04D29/66）、蒸（A47J27/04）、清洗（A47B77/08）、烤（A47J37/06）、降噪（F04D29/66）、泵（风机）（F04D29/42）、控制（F24C3/12）等领域。

表 5–6　浙江帅丰电器股份有限公司集成灶中国专利申请 IPC 技术构成

IPC 分类号（小组）	专利数量	含义
F24C15/20	99	烹调烟气的排除
A47L15/42	42	零件
A47L15/00	23	陶器或餐具的洗涤机或冲洗机
A47J27/04	22	在蒸汽中烹调食品用的；用蒸气提取水果汁的装置
A47J37/06	22	烘烤器；烤肉格子；烤三明治的格子
A47B77/08	20	与用动力（包括水力）操作的装置相结合的；与烹调、冷却或洗涤装置相结合的
F24C3/00	15	气体燃料的炉或灶
A47J36/00	14	烹调器的零件、部件或附件
F24C15/00	14	零部件
F24C15/10	11	炉顶，例如热板、炉环

5.5.3 浙江森歌智能厨电股份有限公司

浙江森歌智能厨电股份有限公司成立于 2004 年，是浙江省知名品牌、“浙江制造”认证企业，以及多项国标 / 行标的起草单位。浙江森歌智能厨电股份有限公司产品线，涵盖集成灶、集成洗碗机、集成水槽、嵌入式洗碗机、嵌入式蒸烤箱、燃气热水器、高端不锈钢橱柜、净水器 8 大系列，其中集成灶是其核心产品。目前浙江森歌智能厨电股份有限公司集成灶已入驻 1000 多个城市，专卖店数量近 3000 家，已经成为国内高端厨房电器专业品牌。

浙江森歌智能厨电股份有限公司除拥有设计工程师团队外，也与浙江工业大学、同济大学等团队合作，在集成灶的智能化、吸油烟效果、燃烧系统等方面不断进行技术突破。其技术优势包括：无刷直流变频电机搭载 FOC 智能算法 + 侧吸下排 + 双劲吸的油烟净吸系统，采用大直径叶轮 + 大吸力静音风箱 + 一体式超静音风道系统，12 腔直喷燃烧系统，具有大屏控制、语音功能、智能菜谱、烹饪导航等功能的智能烹饪系统，油脂分离技术等。

浙江森歌智能厨电股份有限公司集成灶中国专利申请 235 件。其中，发明申请 24 件，发明授权 9 件，实用新型 193 件；有效专利 180 件（含审中 21 件），失效 25 件。图 5-8 为浙江森歌智能厨电股份有限公司集成灶中国专利申请—公开趋势。相比于嵊州地区其他企业，森歌集成灶专利申请得较早，于 2010 年之前就开始了专利申请，并且自 2010 年以来每年都保持一定量的专利申请。申请量的快速增长是在 2017 年之后，年年递增，并于 2021 年突破了 50 件。

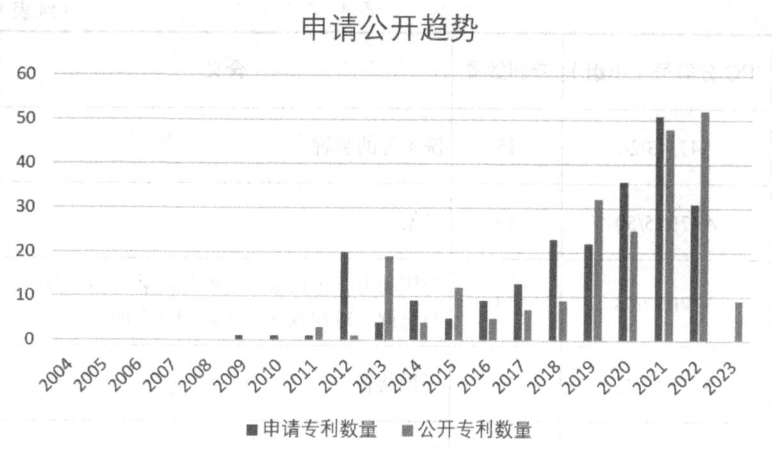

图 5-8　浙江森歌智能厨电股份有限公司集成灶中国专利申请—公开趋势

表 5-7 显示了浙江森歌智能厨电股份有限公司集成灶中国专利申请的 IPC 技术构成，主要集中在烟气排除（F24C15/20）、炉灶（F24C3/00、F24C15/10）、降噪（F04D29/66）、蒸（A47J27/04）、清洗（A47B77/08）、烤（A47J37/06）、降噪（F04D29/66）、泵（风机）（F04D29/42）、控制（F24C3/12）等领域。

表 5-7　浙江森歌智能厨电股份有限公司集成灶中国专利申请 IPC 技术构成

IPC 分类号（小组）	专利数量	含义
F24C15/20	81	烹调烟气的排除
A47L15/42	39	零件
A47L15/00	26	陶器或餐具的洗涤机或冲洗机

（续表）

IPC 分类号（小组）	专利数量	含义
A47J43/24	15	洗菜等的装置
A47L15/50	14	吊架
A47B77/08	13	与用动力（包括水力）操作的装置相结合的；与烹调、冷却或洗涤装置相结合的
A47L15/48	13	干燥装置
A47L15/22	12	旋转式喷射装置的
A47J27/04	11	在蒸汽中烹调食品用的；用蒸汽提取水果汁的装置
F24C3/00	10	气体燃料的炉或灶

5.5.4 浙江万事兴（浙派）电器有限公司

浙江万事兴（浙派）电器有限公司始建于 2000 年，主要产品有集成灶、吸油烟机、燃气灶、消毒柜、不锈钢水槽、热水器、洗碗机等。2008 年，开发侧吸式油烟机，采用纯铜全封闭大电机改善风道系统，提升排烟效果。2010 年，万事兴吸油烟机系列产品被评为浙江质量信得过产品称号。2012 年，授予国际标准产品标志证书，万事兴电器被评为浙江省专利示范企业。2016 年，第一款“自热清洗集成灶”成功上市，成立浙江工业大学万事兴厨房电器技术研发开发中心，并获得浙江省家用燃气灶具产品质量比对优胜奖。2018 年，荣获 CNAS 颁发的“国家级实验室认可证书”，获油烟机、煤气灶、不锈钢水槽商标，为绍兴市著名商标，万事兴“90B17 变频集成灶”荣获 IGD 年度设计金奖，并且是《集成灶》团体标准起草单位。浙江万事兴（浙派）电器有限公司多年来始终坚守“为中国家庭创造幸福厨房”的品牌初心，不断创新，成为中国千万家庭选择和信任的国民品牌。迄今为止，万事兴拥有土地面积 300 多亩，建筑总面积 15 万平方米；拥有自主先进的生产制造系统、研发系统、检测系统、仓储物流系统，目前已经成为嵊州乃至全国厨电行业规模前列的综合厨电制造企业之一。

浙江万事兴（浙派）电器有限公司集成灶中国专利申请 55 件。其中，发明申请 3 件，实用新型 52 件；有效专利 42 件（含审中 3 件），失效 10 件。图 5-9 为浙江万事兴（浙派）电器有限公司集成灶中国专利申请—公开趋势。

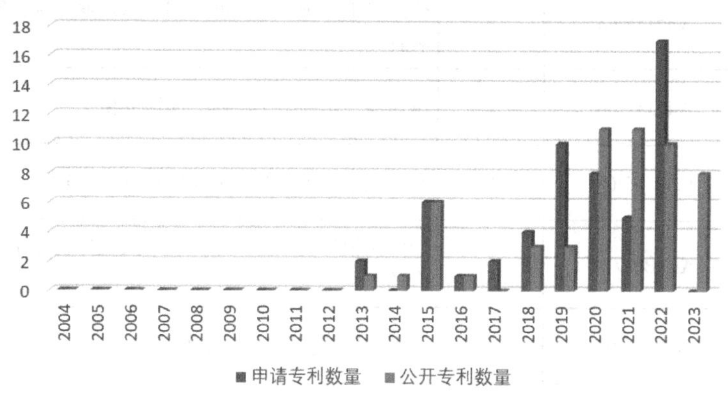

图 5–9　浙江万事兴（浙派）电器有限公司集成灶中国专利申请—公开趋势

表 5-8 显示了浙江万事兴（浙派）电器有限公司集成灶中国专利申请的 IPC 技术构成，主要集中在烟气排除（F24C15/20）、

清洗（A47B77/08）、蒸（A47J27/04）、烤（A47J37/06）、底座或支承板；炉脚或支柱；外壳；轮子（F24C15/08）、与除搁板外的放家用器具的架或支撑物相结合的（A47B77/14）、烹调器的零件、部件或附件（A47J36/00）、从烹调器中排出或冷凝蒸汽的（A47J36/38）、零部件（F24C15/00）、附加的加热或烹调装置的配置（F24C15/18）等领域。

表 5-8 浙江万事兴（浙派）电器有限公司集成灶中国专利申请 IPC 技术构成

IPC 分类号（小组）	专利数量	含义
F24C15/20	26	烹调烟气的排除
A47B77/08	8	与用动力（包括水力）操作的装置相结合的；与烹调、冷却或洗涤装置相结合的
A47J27/04	8	在蒸汽中烹调食品用的；用蒸汽提取水果汁的装置
A47J37/06	7	烘烤器；烤肉格子；烤三明治的格子
F24C15/08	5	底座或支承板；炉脚或支柱；外壳，轮子
A47B77/14	3	与除搁板外的放家用器具的架或支撑物相结合的
A47J36/00	3	烹调器的零件、部件或附件
A47J36/38	3	烹调器中排出或冷凝蒸汽的
F24C15/00	3	零部件

（续表）

IPC 分类号（小组）	专利数量	含义
F24C15/18	3	附属于烹调部分的隔间配置，用于存放器皿或燃料容器的；附加的加热或烹调装置的配置

5.5.5 浙江蓝炬星电器有限公司

浙江蓝炬星电器有限公司于 2009 年创立，主要生产集成灶、集成水槽、洗碗机等现代化环保节能厨卫产品。2014 年蓝炬星跻身中国厨电 100 强企业，2017 年投资蓝炬星集成灶智能智造小镇，成立蓝炬星集成厨电研究院，现已发展成为国内最大的集成灶生产企业之一。蓝炬星特色翻盖式集成灶具有独特设计的翻盖式吸烟腔结构，不仅节约厨房空间，安装便捷，还能开闭自如，多角度自由调节吸风网，并可根据烹饪的吸风量大小需求，自由调节集烟腔距离，在特定角度下，达到最佳吸烟效果并能避免不必要的风量损失。2021 年开启全系 AIoT 智能集成厨电战略，联合中科院共同开发厨房电器智能化技术，联合浙江大学共同开发集成灶直流变频技术，一起发布《2021 年中国集成灶行业 AIoT 智能化发展白皮书》。

蓝炬星的集成灶专利有 150 项专利族 154 件专利。其中，发明申请 25 件，发明授权 4 件，实用新型 121 件；有效专利 117 件（含审中 25 件），失效 8 件。图 5-10 是蓝炬星集成灶中国专利申请—公开趋势：2018 年前申请或公开的专利以个位数计，2018 年之后申请公开的专利呈快速增长趋势，2019—2020 年达到高峰：其中 2019 年申请达到 79 件，2020 年公开达到 71 件。

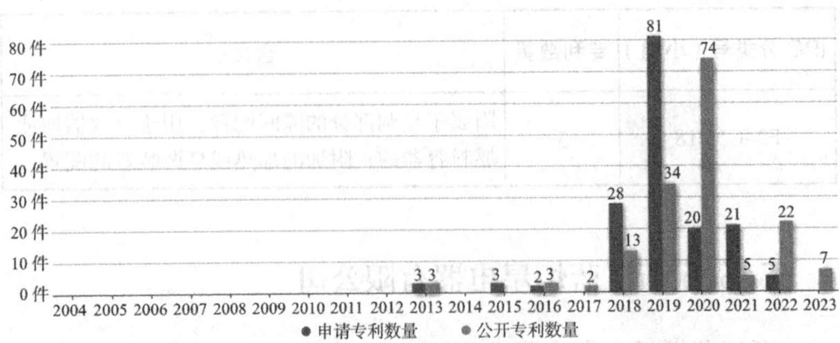

图 5-10 蓝炬星集成灶中国专利申请—公开趋势

表 5-9 显示了蓝炬星集成灶中国专利申请的 IPC 技术构成，主要集中在烟气排除（F24C15/20）、清洗（A47B77/08）、F24C15/08（底座或支承板；炉脚或支柱；外壳；轮子）、F24C15/00（零部件）、炉灶（F24C3/00、F24C15/10），控制（F24C3/12）、降噪（F04D29/66）等领域。

表 5-9 蓝炬星集成灶中国专利申请 IPC 技术构成

IPC 分类号（小组）	专利数量	IPC 分类号含义
F24C15/20	107	烹调烟气的排除
A47B77/08	17	与用动力（包括水力）操作的装置相结合的；与烹调、冷却或洗涤装置相结合的
F24C15/08	13	底座或支承板；炉脚或支柱；外壳；轮子
F24C15/00	10	零部件
F24C3/00	10	气体燃料的炉或灶

（续表）

IPC 分类号（小组）	专利数量	IPC 分类号含义
F24C15/10	8	炉顶，例如热板；炉环
F24C15/18	7	附属于烹调部分的隔间配置，例如用于加温的，用于存放器皿或燃料容器的；附加的加热或烹调装置的配置
F24C3/12	5	控制或安全装置的配置或安装
F04D29/66	4	防止气蚀、旋流、噪声、振动或类似情况
F24C13/00	4	附有热水装置的炉或灶

5.5.6 浙江美多电器有限公司

浙江美多电器有限公司始创于1989年，于1998年正式进入厨卫电器行业，是中国厨卫电器行业的佼佼者和集成灶产品的行业引领者，建厂至今已有30年专业历史，经营的产品主要有集成灶、吸油烟机、燃气灶具等厨房用品。目前，已发展成为集产品设计、研发、制造、营销、服务于一体的现代化厨卫电器企业。

美多的集成灶专利有53件。其中，发明申请2件，实用新型51件；有效专利30件（含审中21件），失效2件。图5-11是美多集成灶中国专利申请—公开趋势：2016年之后申请公开的专利呈快速增长趋势；2020年达到申请公开的高峰，申请13件，公开15件。

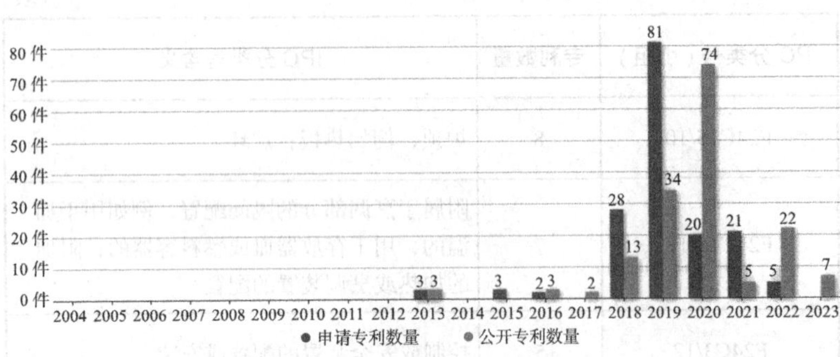

图 5-11 美多集成灶中国专利申请—公开趋势

表 5-10 美多集成灶中国专利申请 IPC 技术构成

IPC 分类号（小组）	专利数量	含义
F24C15/20	36	烹调烟气的排除
A47B77/08	9	与用动力（包括水力）操作的装置相结合的；与烹调、冷却或洗涤装置相结合的
F24C3/00	9	气体燃料的炉或灶
A61L2/00	6	食品或接触透镜以外的材料或物体的灭菌或消毒的方法或装置
F24C15/00	6	零部件
A47J27/04	4	在蒸汽中烹调食品用的；用蒸汽提取水果汁的装置
A47J37/06	4	烘烤器；烤肉格子：烤三明治的格子
F24C15/08	4	底座或支承板；炉脚或支柱；外壳；轮子

（续表）

IPC 分类号（小组）	专利数量	含义
F24C15/12	3	侧架；侧板；罩盖；防溅挡板；烘箱外部的搁板
A47J36/00	2	烹调器的零件、部件或附件

表 5-10 显示了美多集成灶中国专利申请的 IPC 技术构成，主要集中在烟气排除（F24C15/20）、清洗（A47B77/08）、炉灶（F24C3/00）、F24C15/00（零部件）、在蒸汽中烹调食品或提取水果汁的装置（A47J27/04）、烤（A47J37/06）、F24C15/08（底座或支承板；炉脚或支柱；外壳；轮子）、控制（F24C3/12）、降噪（F04D29/66）等领域。

5.5.7 博世和西门子家用电器集团

博西家电在嵌入式家电领域拥有相当的领先优势，且有着丰富的产品组合和深厚的技术积淀。旗下品牌自 1916 年推出首台嵌入式电烤箱，截至目前产品品类已涵盖洗碗机、蒸箱、烤箱、吸油烟机、灶具和净水产品等。目前，旗下品牌西门子家电推出的西门子 5D 环吸油烟机采用了以下技术：采用开孔负压板设计，实现中间直吸，四面环绕拢吸的立体吸烟效果；同时搭载了第二代风速环境传感器 ESSII，能够实时检测室内油烟气味、温度和湿度，并精准匹配合适风量；其搭配的 BLDC 2.0 电机也可以实时检测公共烟道背压，确保烟机在不同楼层、不同烟道背压、不同烹饪情况等复杂条件下，都能够实现智吸油烟。此外，针对油烟倒灌问题，西门子的 ESS II 防倒灌传感器能实时感知公共烟道侵入的油烟并自动开机，低档自动开启，低噪运行，阻断串门油烟。

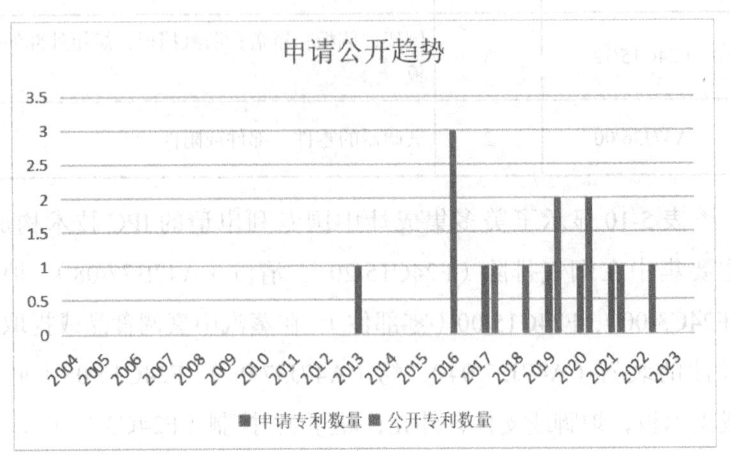

图 5–12　博世集成灶中国专利申请—公开趋势

博世在中国公开的集成灶专利有 8 项专利族 10 件专利，图 5-12 是博世集成灶中国专利申请—公开趋势：2010 年之后开始了其在中国集成灶相关专利的申请，2016 年申请量最多，之后每年都有相关的专利申请或公开。目前，有 3 件已授权，4 件审中，1 件被驳回。除去被驳回的 1 件，其余的都拥有美国、欧洲、PCT 同族（表 5-12）。

表 5–11　博世集成灶中国专利申请 IPC 技术构成

IPC 分类号（小组）	专利数量	含义
F24C15/20	8	烹调烟气的排除
A47J27/00	1	烹调器皿

（续表）

IPC 分类号（小组）	专利数量	含义
A47J36/16	1	插件
A47J36/24	1	加温装置
A47J36/32	1	定时控制点火机构或报警装置
B08B15/02	1	用容器或罩覆盖产生处

表 5-11 显示了博世集成灶中国专利申请的 IPC 技术构成，表 5-12 为博世在中国集成灶专利布局，可以看出博世的热门技术分布主要集中在烹调烟气的排除（F24C15/20，涉及风机的布置、风机的构造、油烟过滤装置及布置、噪声过滤装置、排风装置的构造和布置）、组合（或装配）烹饪单元。

表 5-12　博世集成灶中国专利布局

专利名称	申请信息	摘要	法律状态 & 附图
排烟装置和用于控制风扇的风扇电机和用于获得净化空气效果的方法	CN201380040959.1 2017-07-18 优先权： DE102012213692 20120802 同族专利： US20150192305A1; DE102012213692A1; WO2014019862A1; EP2880368A1; EP2880368B1; CN104541106A; CN104541106B; US11125444B2	发明涉及一种具有风扇的排烟装置，该风扇具有风扇电机、风扇箱和第一传感器，其中该排烟装置的特征在于，所述第一传感器设置在风扇箱里面或旁边，并且利用第一传感器确定排烟装置烹调环境的第一气味水平。本发明还涉及一种用于控制按照本发明的排烟装置风扇的风扇电机的方法，其中该方法至少具有下面的步骤：执行烹调过程识别，在借助于烹调过程识别的结果的条件下执行获得气味负荷，并且在借助于获得气味负荷的结果的条件下控制排烟装置的风扇电机到风扇等级。	发明授权、有效 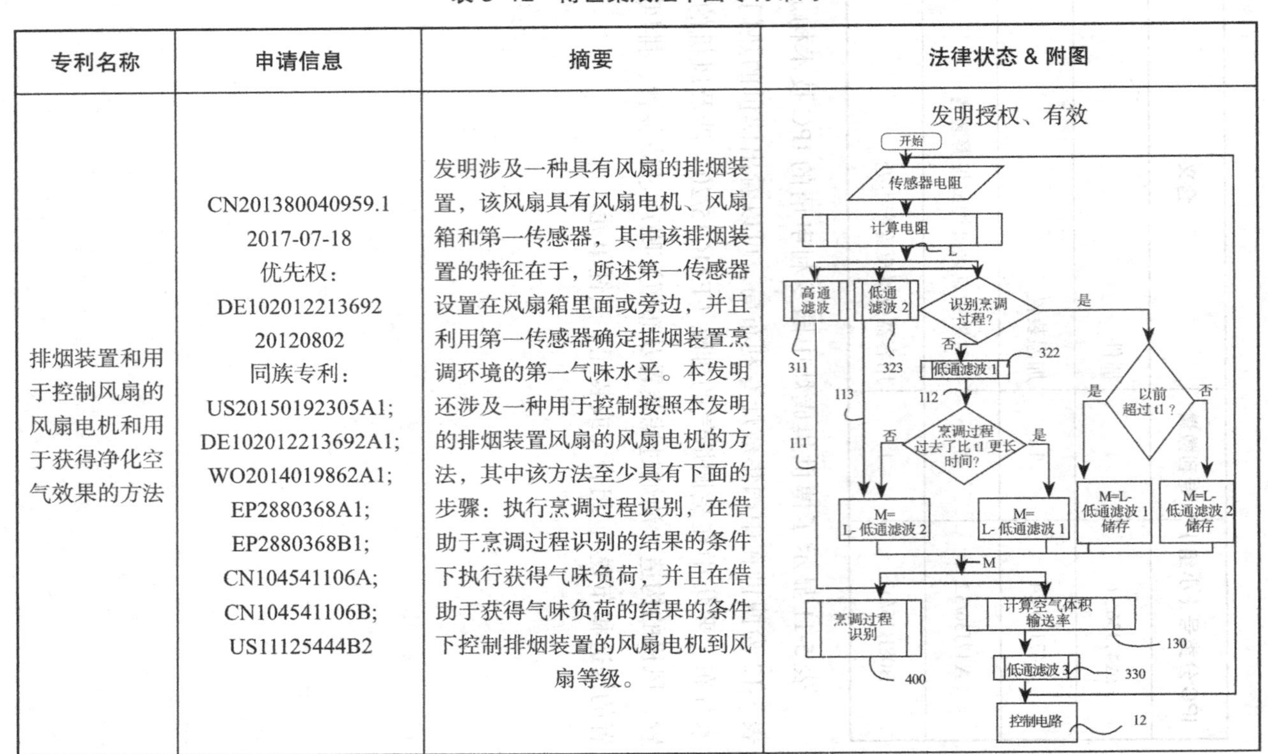

（续表）

专利名称	申请信息	摘要	法律状态 & 附图
具有烹调区域和排烟设备的组合式装置	CN201680048595.5 2016-08-05 优先权： EP15290206 20150819 同族专利： CN107923630A;CN107923630B;US20180209662A1;US10712019B2;EP3338028A1;EP3338028B1;WO2017029128A1	其包括具有至少一个槽口的烹调区域和布置在所述烹调区域下方的排烟设备，所述排烟设备用于从所述烹调区域上方的空间中通过所述至少一个槽口抽吸空气。所述组合式装置的特征在于，所述排烟设备具有带有进气口的鼓风机，所述鼓风机如此布置在所述组合式装置中，使得所述鼓风机的进气口面向所述烹调区域，在俯视所述烹调区域时，所述鼓风机的进气口至少部分地位于所述至少一个槽口中的至少一个的下方，并且所述排烟设备和所述烹调区域形成装配单元。	发明授权、有效 10 烹调区域；11 排烟设备；12 过滤器单元；13 溢流容器；14 设备壳体；15 覆盖物；2 工作台；L 气流

（续表）

专利名称	申请信息	摘要	法律状态 & 附图
具有烹调区域和排烟设备的组合式装置	CN201680048616.3 2016-08-05 优先权： EP15290211 20150819; 同族专利： CN107923631A;CN107923631B;US10900665B2;US20180306449A1;EP3338031A1;EP3338031B1; WO2017029134A1	其包括具有至少一个槽口的烹调区域和布置在所述烹调区域下方的排烟设备，所述排烟设备用于从所述烹调区域上方的空间中通过所述至少一个槽口抽吸空气，所述槽口是所述组合式装置的吸入口。所述组合式装置的特征在于，所述排烟设备具有带有进气口的唯一的鼓风机，所述鼓风机如此布置在所述组合式装置中，使得所述鼓风机的进气口面向所述烹调区域。	发明授权、有效 10 烹调区域；11 排烟设备；12 过滤器单元；13 溢流容器；14 设备壳体；15 覆盖物；2 工作台；L 气流

（续表）

专利名称	申请信息	摘要	法律状态 & 附图
用于排烟设备的过滤器单元和有烹调区域和带有这样的过滤器单元的排烟设备的组合式装置	CN201680048621.4 2016-08-05	涉及一种用于排烟设备的过滤器单元，所述过滤器单元包括具有至少一个过滤器元件的至少一个过滤器体和至少一个用于液体的收集区。所述排烟设备的特征在于，在所述过滤器单元处，在上部区域中形成有进气口，所述进气口用于使由所述排烟设备吸入的空气流入，并且所述进气口至少部分地包围所述至少一个过滤器体；在所述过滤器单元的底侧中设置有排气口，所述排气口用于将空气从所述过滤器单元排出到所述排烟设备处；并且所述收集区位于所述至少一个过滤器体的下方并且至少部分地包围所述至少一个过滤器体	实质审查被驳回

（续表）

专利名称	申请信息	摘要	法律状态 & 附图
组合器具和具有组合器具的厨房设备	CN201780051677.X 2017-08-07 优先权： EP16290161 20160826 同族专利： US11098906B2;US20190186758A1;WO2018036800A1;CN109564004A;EP3504483A1;EP3504483B1	涉及一种组合器具，其包括具有集成的抽气装置的灶台，该抽气装置具有抽气装置壳体和空气引导通道。该组合器具的特征在于，抽气装置壳体的用于风机的容纳空间至少部分地贴靠在灶台上，空气引导通道的端部连接在抽气装置壳体上，空气引导通道具有向下延伸的竖直区域，并且在空气引导通道中包含至少一个循环空气过滤器。此外还说明了一种厨房设备，其具有橱柜和组合器具。	发明申请；审中 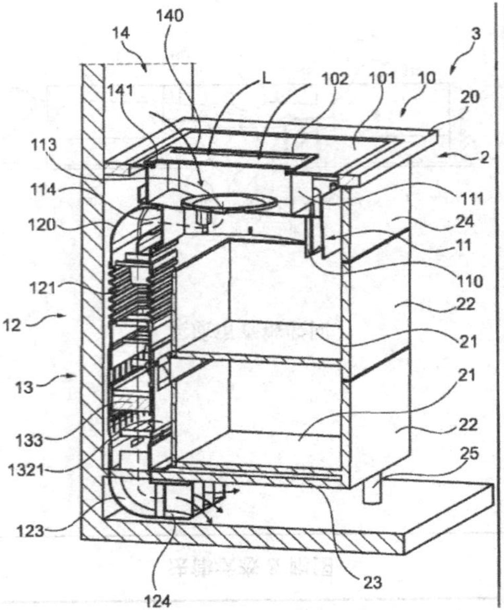

（续表）

专利名称	申请信息	摘要	法律状态 & 附图
烟雾排出装置和带有烟雾排出装置和灶台的组合设备	CN201910496702.6 2019-06-10 优先权： EP18290063 20180608 同专利： EP3608595A1;CN110578943A;EP3614053A1;EP3614053B1	该发明涉及一种烟雾排出装置，该烟雾排出装置在其顶面处具有抽吸开口，通过该抽吸开口将空气向下吸入到所述烟雾排出装置中。所述烟雾排出装置的特征在于，所述烟雾排出装置具有排出开口和收集装置，所述排出开口设置在所述烟雾排出装置的壳体的下部区域中，所述收集装置能松开地与所述排出开口连接并且该收集装置具有收集容器，该收集容器至少局部是能压缩的。另外，描述了具有至少一个这样的烟雾排出装置和至少一个灶台的组合设备。	发明申请；审中 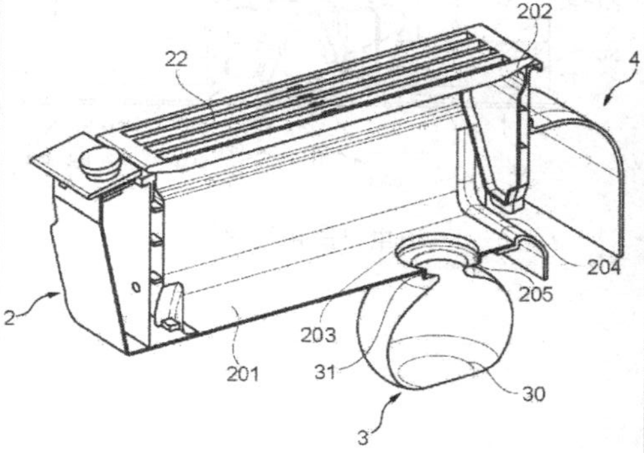

（续表）

专利名称	申请信息	摘要	法律状态 & 附图
具有抽油烟机设备和灶台的组合设备	CN202080029389.6 2020-04-09 优先权： EP19290026 20190417 同族专利： EP3725774A1;EP3725774B1;EP3956610A1;ES2908812T3;US20220178552A1;WO2020212261A1;WO2020212268A1;US20220033356A1;CN113646588A	所述组合设备包括一具有至少一个烹饪模块的灶台和抽油烟机设备以及用于抽油烟机设备的抽吸开口，所述抽油烟机设备至少部分布置在至少一个烹饪模块下方，并且所述抽油烟机设备具有一带有至少一个空气进入开口的通风机和带有至少一个油脂过滤器的过滤单元，所述抽吸开口布置在灶台中，其特征在于，所述通风机位于抽吸开口下方，所述过滤单元布置在抽吸开口上，并且所述抽油烟机设备具有分离板，所述分离板分离过滤单元与位于下方的通风机。	发明申请；审中 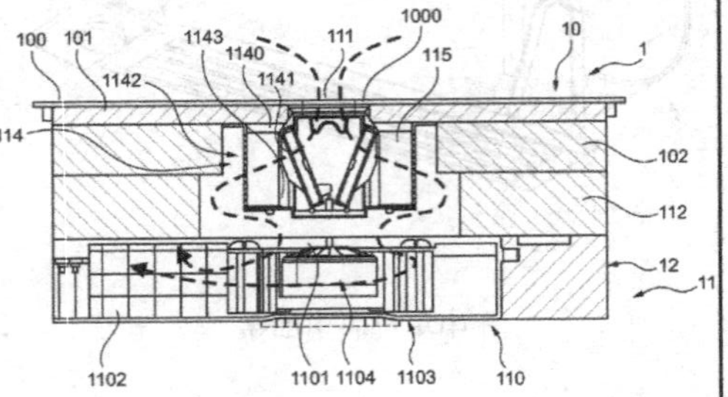

（续表）

专利名称	申请信息	摘要	法律状态 & 附图
抽油烟设备、用于安装的系统以及用于抽油烟设备的装配套件	CN202180014398.2 2021-01-27 优先权： EP20290012 20200214 同族专利： CN115053099A;EP4103886A1;WO2021160431A1;US20230056084A1	涉及一种具有连接的通风管道的抽油烟设备（循环空气器具），其中，抽油烟设备构造用于安装在厨房家具中，并且抽油烟设备包括：空气流入开口，该空气流入开口位于抽油烟设备的上侧中；和器具壳体，该器具壳体布置在空气流入开口的下方并且在侧壁中具有空气排出开口；以及鼓风机，该鼓风机布置在器具壳体中。抽油烟设备的特征在于，抽油烟设备包括至少一个噪声过滤元件，该噪声过滤元件接纳在器具壳体中并且其过滤材料在化学上是惰性的。此外说明了一种用于安装抽油烟设备的系统和装配套件。	发明申请；审中 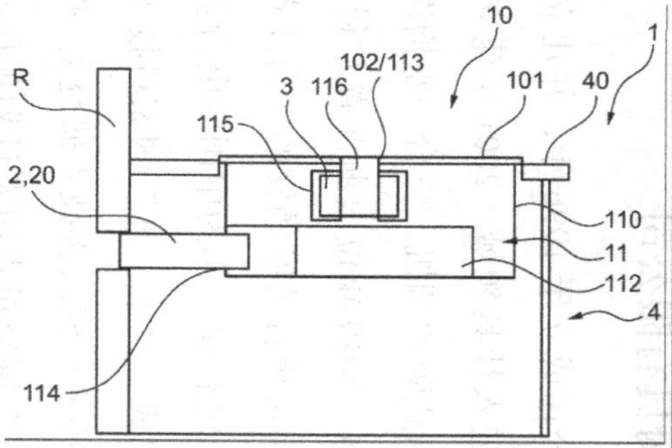 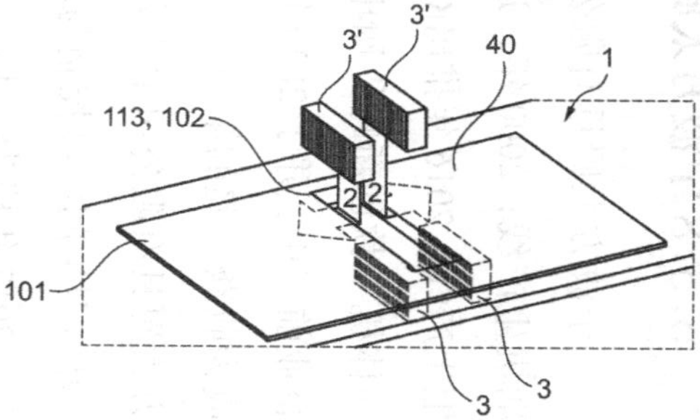

5.5.8 宁波方太厨具有限公司

宁波方太厨具有限公司成立于 1996 年，并建立第一条吸油烟机生产线；2000 年，进入灶具领域；2001 年建立第一条消毒柜生产线；2016 年推出欧式吸油烟机、三合一水槽洗碗机、蒸微一体机三款创新跨界厨电。2019 年位居浙江省专利申请量 10 强企业前三甲，并于 2020 年斩获省政府颁发的“浙江省专利金奖”，成为收获金奖的第一家家电企业。作为中国厨电行业代表，宁波方太厨具有限公司主持完成了“十一五”国家科技支撑计划课题《厨房卫生间污染控制与环境功能改善技术研究》，并顺利通过验收；2017 年成为“十三五”国家重点研发计划项目《油烟高效分离与烟气净化关键技术与设备》的承担单位，并于 2019 年顺利通过中期验收，2020 年项目成果在全国重点地区的餐饮与食品企业减排改造中被示范应用。作为全国吸油烟机标准化工作组组长单位，宁波方太厨具有限公司积极参与国际、国家、行业标准化工作，引导行业标准制定，已参与修 / 制定各项标准 130 余项，还主导完成 IEC（国际电工委员会）《家用和类似用途电器的安全 / 吸油烟机和其他油烟吸除器具的特殊要求》国际标准的修订，为整个中国吸油烟机行业在全球赢得更多的市场话语权。

宁波方太厨具有限公司厨具集成灶技术中国专利申请 398 件，均为独立申请。其中，发明申请 104 件，发明授权 32 件，实用新型 233 件；有效专利 319 件（含审中 59 件），失效 22 件。图 5-13 显示，宁波方太厨具有限公司厨具集成灶中国专利申请始于 2008 年，2013 年—2015 年没有专利申请，2016 年之后开始进入快速发展期，专利数量增长非常可观，到 2021 年达到 100 件。

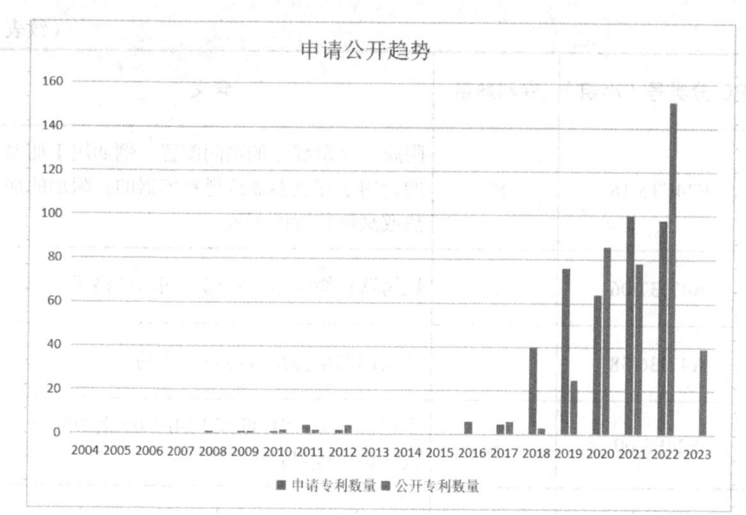

图 5-13　宁波方太厨具有限公司集成灶中国专利申请—公开趋势

表 5-13 显示了宁波方太厨具有限公司集成灶中国专利申请的热门技术分布，主要集中在烟气排除（F24C15/20）、炉灶（F24C3/00、F24C13/00、F24C11/00）、蒸（A47J27/04）、烤（A47J37/06）、风机（F24F7/06）、控制（F24C3/12）等领域。

表 5-13　宁波方太厨具有限公司厨具集成灶中国专利申请 IPC 技术构成

IPC 分类号（小组）	专利数量	含义
F24C15/20	226	烹调烟气的排除
F24C3/00	105	气体燃料的炉或灶
A47J27/04	88	在蒸汽中烹调食品用的；用蒸汽提取水果汁的装置
F24C15/00	81	零部件

（续表）

IPC 分类号（小组）	专利数量	含义
F24C15/18	80	附属于烹调部分的隔间配置，例如用于加温的，用于存放器皿或燃料容器的；附加的加热或烹调装置的配置
A47J37/06	65	烘烤器；烤肉格子；烤三明治的格子
A47J36/38	54	从烹调器中排出或冷凝蒸汽的
F24F5/00	42	不包含在 F24F1/00 或 F24F3/00 组中的空气调节系统或设备
F24F13/30	38	热交换器的配置或安装
A47J36/00	34	烹调器的零件、部件或附件
F24C13/00	33	附有热水装置的炉或灶
F24F13/06	33	向室内或场所导入或分配空气的出口，例如天花板空气散流器
F24C3/12	32	控制或安全装置的配置或安装
F24F7/06	30	用强制空气循环的，例如用风机
F24C11/00	27	两个或多个炉或灶的组合，例如各用不同种类能源的炉或灶的组合

5.5.9 美的集团

美的集团成立于 1968 年，目前已发展成为集智能家居事业群、机电事业群、暖通与楼宇事业部、机器人及自动化事业部、数字化创新业务五大板块为一体的全球化科技集团，形成美的集团、小天鹅、东芝、华凌、布谷、COLMO、Clivet、Eureka、库卡、GMCC、威灵等多品牌组合。2018 年美的集团把厨电事业部并入热水器事业部，成立厨电与热水器事业部。在 2019 年 AWE 上，美的集团提出了新的四大发明（会自动清洗的油烟机、会自己烹饪的烤箱、会听话的微波炉、好用的中式洗碗机），本质上是围绕智能交互、围绕解放用户的方向，提供更加智能的生活方式。

美的集团集成灶中国专利申请共 433 件。其中，发明申请 117 件，发明授权 13 件，实用新型 170 件；有效专利 165 件（含审中 112 件），失效 23 件。图 5-14 显示，美的集团集成灶中国专利申请从 2010 年开始，2013—2016 年少有专利申请，2017 年开始专利申请快速增长。近年来美的集团加大了研发投入，这与集团厨电战略调整密切相关，说明美的集团厨电为抢占市场展开积极运作。

从申请人来看，除了 1 件是与合肥华凌股份有限公司（别名：合肥美的集团荣事达电冰箱有限公司）共同申请，其余均是美的集团旗下的公司，包括佛山市顺德区美的集团洗涤电器制造有限公司、美的集团股份有限公司、芜湖美的集团智能厨电制造有限公司、佛山市顺德区美的集团电热电器制造有限公司、广东美的集团制冷设备有限公司、美的集团有限公司、广东美的集团厨房电器制造有限公司、佛山市顺德区美的集团电子科技有限公司、合肥美的集团电冰箱有限公司等，均是独立申请，展示了美的集团作为老牌电器家居制造商几十年发展所积攒的技术实力。

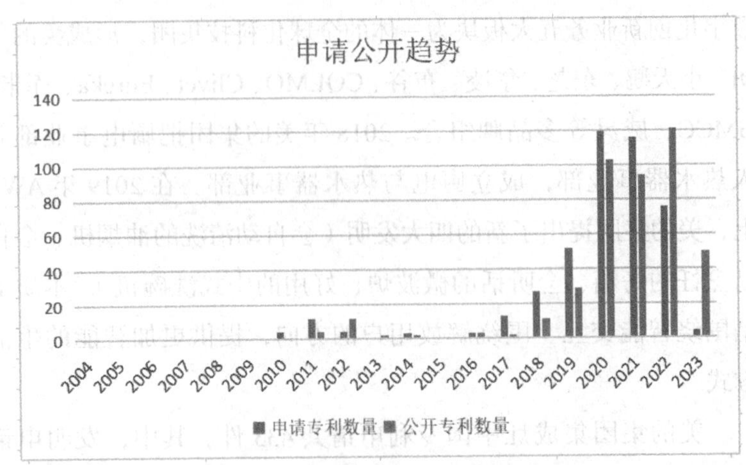

图 5-14 美的集团集成灶中国专利申请 – 公开趋势

表 5-14 显示了美的集团集成灶中国专利申请的 IPC 技术构成，主要集中在烟气排除（F24C15/20）、炉灶（F24C3/00、F24C15/10）、降噪（F04D29/66）、蒸（A47J27/04）、清洗（A47B77/08）、烤（A47J37/06）、降噪（F04D29/66）、泵（风机）（F04D29/42）、控制（F24C3/12）等领域。

表 5-14 美的集团集成灶中国专利申请 IPC 技术构成

IPC 分类号（小组）	专利数量	含义
F24C15/20	294	烹调烟气的排除
F24C3/00	49	气体燃料的炉或灶
A47J27/04	39	在蒸汽中烹调食品用的；用蒸汽提取水果汁的装置
A47B77/08	32	与用动力（包括水力）操作的装置相结合的；与烹调、冷却或洗涤装置相结合的

（续表）

IPC 分类号（小组）	专利数量	含义
F24F5/00	26	不包含在 F24F1/00 或 F24F3/00 组中的空气调节系统或设备
F24C15/10	25	炉顶，例如热板；炉环
F24C15/00	17	零部件
A47J37/06	16	烘烤器；烤肉格子；烤三明治的格子
F24C15/08	15	底座或支承板；炉脚或支柱；外壳；轮子
F24C3/12	15	控制或安全装置的配置或安装
F04D29/66	14	防止气蚀、旋流、噪声、振动或类似情况；平衡
F04D29/42	12	用于径向或螺旋离心泵
A47J36/00	11	烹调器的零件、部件或附件
A47J36/38	11	从烹调器中排出或冷凝蒸汽的
A47J27/00	10	烹调器皿

5.5.10 海尔集团

海尔集团在 1997 年开始发展厨电产品，历经 20 多年的成长与发展，目前已形成了集成灶、吸油烟机、燃气灶、消毒柜、蒸、烤箱等种类齐全、规模庞大，并集研发、生产、销售于一身的厨电领先品牌。连续 12 年稳居欧睿国际世界家电第一品牌，旗下子公司海尔集团智家位列《财富》世界 500 强。

海尔集团集成灶中国专利申请 244 件。其中，发明申请 82 件，发明授权 9 件，实用新型 119 件；有效专利 170 件（含审中 65 件），失效 9 件。自 2016 年 3 月份，海尔集团成功推出了一整套集成灶系列产品，正式进军集成灶产业，以安全防干烧以及智能化系列集成灶为重点，打造独具特色的海尔集团集成灶品牌。图 5-15 显示，海尔集团集成灶中国专利申请从 2017 年开始专利申请，之后专利申请量快速增长。

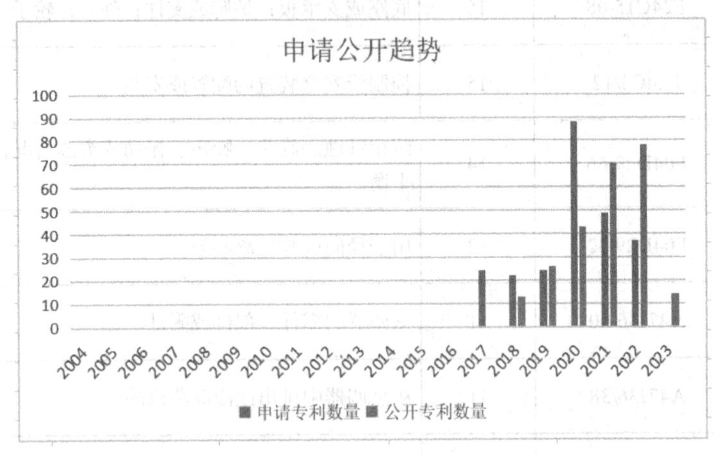

图 5–15 海尔集团集成灶中国专利申请—公开趋势

表 5-15 显示了海尔集团集成灶中国专利申请的 IPC 技术构成，热点技术主要集中在烟气排除（F24C15/20）、炉灶（F24C3/00、F24C15/10）、蒸（A47J27/04）、烤（A47J37/06）、控制（F24C3/12）、清洗（A47B77/08）、风机、泵（F04D29/28、F04D29/42、F04D29/66）、降噪（F04D29/66）等领域。

表 5–15　海尔集团集成灶中国专利申请 IPC 技术构成

IPC 分类号（小组）	专利数量	含义
F24C15/20	153	烹调烟气的排除
F24C3/00	39	气体燃料的炉或灶
A47J27/04	38	在蒸汽中烹调食品用的；用蒸汽提取水果汁的装置
A47J37/06	32	烘烤器；烤肉格子；烤三明治的格子
F24C3/12	19	控制或安全装置的配置或安装
A47B77/08	16	与用动力（包括水力）操作的装置相结合的；与烹调、冷却或洗涤装置相结合的
A47J36/00	16	烹调器的零件、部件或附件
F24C15/00	11	零部件
A61L2/26	7	附件
F04D29/28	6	用于离心或螺旋离心泵
F04D29/42	6	用于径向或螺旋离心泵
F04D29/62	6	径向泵或螺旋离心泵的
F04D29/66	6	防止气蚀、旋流、噪声、振动或类似情况
F24C15/10	6	炉顶，例如热板；炉环

（续表）

IPC 分类号（小组）	专利数量	含义
F24C15/34	6	贮热或隔热的元件或装置

5.5.11 火星人厨具股份有限公司

火星人厨具股份有限公司成立于 2010 年，旗下还包括浙江火星人厨具股份有限公司，业务涵盖各大厨房品类。其中，集成灶是火星人厨具股份有限公司的核心产品，除此之外，还有集成水槽、集成洗碗机、嵌入式电器、橱柜等多种产品。火星人厨具股份有限公司还是国家级高新技术企业、国家《集成灶》标准主要起草单位之一、浙江制造《集成灶》标准主要起草单位之一、全国质量诚信标杆典型企业、中国厨电行业质量领先品牌、中国市场燃气灶具质量服务双优品牌。

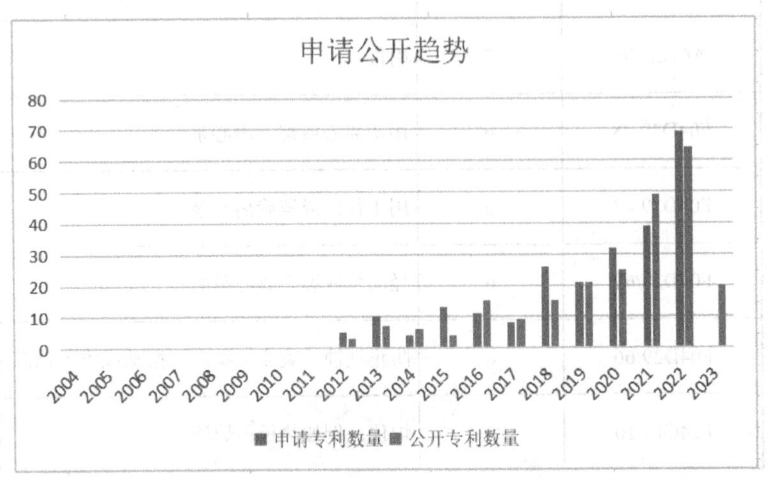

图 5-16　火星人厨具股份有限公司集成灶中国专利申请—公开趋势

火星人厨具股份有限公司集成灶中国专利申请238件。其中，发明申请29件，发明授权4件，实用新型143件；有效专利199件（含审中25件），失效14件。图5-16显示，火星人厨具股份有限公司的集成灶中国专利申请始于2012年，2018年之后申请量一直保持稳步上升。从专利申请人来看，火星人厨具股份有限公司与浙江大学合作申请6件发明专利（涉及降噪相关技术），与中铁房地产集团华东有限公司合作申请2件实用新型专利，其余均为独立申请。

表5-16 火星人厨具股份有限公司集成灶中国专利IPC技术构成

IPC分类号（小组）	专利数量	含义
F24C15/20	122	烹调烟气的排除
A47J37/06	20	烘烤器；烤肉格子；烤三明治的格子
A47J27/04	19	在蒸汽中烹调食品用的；用蒸汽提取水果汁的装置
F24C3/00	18	气体燃料的炉或灶
F24C15/00	14	零部件
F04D29/66	13	防止气蚀、旋流、噪声、振动或类似情况；平衡
F24C3/12	12	控制或安全装置的配置或安装
F24C15/08	9	底座或支承板；炉脚或支柱；外壳；轮子
A47B77/08	8	与用动力（包括水力）操作的装置相结合的；与烹调、冷却或洗涤装置相结合的

（续表）

IPC分类号（小组）	专利数量	含义
F04D29/42	7	用于径向或螺旋离心泵
F24C15/32	6	热气管道的配置，例如在烘箱内或周围
B08B3/02	5	用喷射力来清洁
F24C15/10	5	炉顶，例如热板；炉环
F24C15/18	5	附属于烹调部分的隔间配置，附加的加热或烹调装置的配置
A47J36/00	4	烹调器的零件、部件或附件

表5-16显示了火星人厨具股份有限公司集成灶中国专利申请的IPC技术分类，主要集中在烟气排除（F24C15/20）、烤（A47J37/06）、蒸（A47J27/04）、炉灶（F24C3/00），降噪（F04D29/66）、控制（F24C3/12）、清洗（A47B77/08、B08B3/02）、风机、泵（F04D29/42）等领域。

5.5.12 浙江美大实业股份有限公司

2003年，美大研发生产出了世界上第一台集成灶，开启了集成灶下排油烟时代。美大作为集成灶行业开创和领军品牌，是集成灶行业相关国家/行业标准主要起草单位，产品涵盖集成灶、集成水槽、洗碗机、净水机、热水器、蒸烤箱和橱柜等全系列厨房产品线。近期美大发布了风华蒸烤炸炖智能变频集成灶，采用智慧双变频技术，可以在原有基础上降低30%能耗，风压提升

50%。此外，这款风华集成灶新品，还集合了深U型集气仓设计、静音排风系统、油烟分离设计、3D燃烧器、90L超大容量蒸烤炸炖等多项技术。

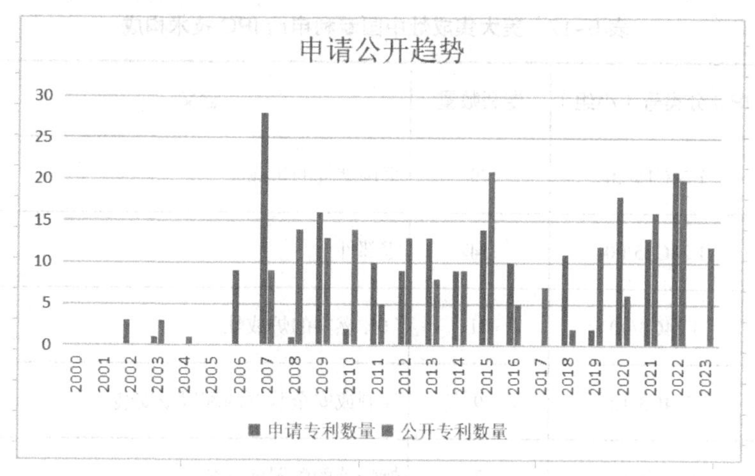

图 5-17　美大集成灶中国专利申请—公开趋势

美大集成灶中国专利申请126件。其中，发明申请35件，发明授权12件，实用新型79件；有效专利68件（含审中9件），失效42件。图5-17美大集成灶中国专利申请—公开趋势显示，与其他公司不同的是：美大是最早开始申请集成灶专利的公司，专利申请始于2002年。除了2005年，其余每年都有专利申请，申请量没有大幅增长，年申请量最多不超过30件，中间小幅波动，其中以2007年、2020年、2022年申请量较多，2018年之后申请量一直保持稳步上升。从企业发展历程看，2006年美大起草厨房排烟道标准，2007年，美大获得国家火炬计划项目，2011年《集成灶》行业标准发布，美大是主要起草单位，2012年，美大A股上市。从专利申请人来看，除了2002年与吴中敏合作申请的一种环吸式燃气灶排油烟机 CN2540578Y，申请人包括美大创始人夏志生、浙江美大实业股份有限公司和江苏美大电器有限公司。

表 5-17　美大集成灶中国专利申请 IPC 技术构成

IPC 分类号（小组）	专利数量	含义
F24C15/20	79	烹调烟气的排除
F24C15/00	14	零部件
F24C3/00	11	气体燃料的炉或灶
F24C3/12	9	控制或安全装置的配置或安装
F24C3/08	7	燃烧器的配置或安装
A47J27/04	6	在蒸汽中烹调食品用的；用蒸汽提取水果汁的装置
F24C15/08	5	底座或支承板；炉脚或支柱；外壳；轮子
F24C15/14	5	溢出托盘或凹槽
B08B3/02	4	用喷射力来清洁
F24C15/34	4	贮热或隔热的元件或装置
A47J27/00	3	烹调器皿
F23D14/02	3	预混的气体燃烧器，即其中气态的燃料在进入燃烧区前与助燃空气混合的

（续表）

IPC 分类号（小组）	专利数量	含义
F23D14/12	3	辐射燃烧器
F23D14/46	3	零部件
F23D14/60	3	同时控制气体燃料和燃烧空气的装置

表 5-17 显示了美大集成灶中国专利申请的 IPC 技术构成，主要集中在烟气排除（F24C15/20）、炉灶（F24C3/00）、控制（F24C3/12）、燃烧器（F24C3/08、F23D14/02、F23D14/12）、蒸（A47J27/04）、清洗（A47B77/08、B08B3/02）等领域。美大在 2013 年研制开发了涡轮增压式燃烧系统技术和集成灶产品，热效率达到 70%。美大也是国内为数不多在国外申请集成灶有关专利的企业，其在海外申请的专利如表 5-18。

表 5–18　美大集成灶有关专利在国外的专利布局

序号	专利名称（中文）	公开（公告）号	优先权信息
1	下排式油烟粉尘排出装置及配备该装置的灶具	WO2007134500A1	CN200620116766 20060522
2	油烟向下排放的集成炉	GB2467678B	CN200710164564 20071207
3	油烟向下排放的一体化炉灶	US8528539B2	CN200710164564 20071207
4	油烟向下排放的集成炉	GB2467678A	CN200710164564 20071207

（续表）

序号	专利名称（中文）	公开（公告）号	优先权信息
5	油烟向下排放的一体化炉灶	US20100242945A1	CN200710164564 20071207
6	下排油烟式灶具一体机	WO2009074026A1	CN200710164564 20071207
7	下排油烟式灶具一体机	HK1144004A	CN200710164564.9 20071207
8	下排油烟式灶具一体机	HK1144004B	CN200710164564.9 20071207
9	一个关闭单元，用于一空气口的一个集成的烹饪范围和烹饪油烟排	GB2467693B	CN200710164566 20071207
10	关闭单元，用于烹调油烟排油烟机的空气口的一体机和范围	GB2467693A	CN200710164566 20071207
11	一种与量程一体的排油烟机气孔关闭装置	US20100258108A1	CN200710164566 20071207
12	油烟机灶具一体机的风口封闭装置	WO2009074028A1	CN200710164566 20071207
13	油烟机灶具一体机的风口封闭装置	HK1144005A	CN200710164566.8 20071207
14	油烟机灶具一体机的风口封闭装置	HK1144005B	CN200710164566.8 20071207
15	油烟机灶具一体机	WO2009074027A1	CN200710164569 20071207

（续表）

序号	专利名称（中文）	公开（公告）号	优先权信息
16	油烟机灶具一体机	WO2009074025A1	CN200710164570 20071207
17	一种鼓风式全预混集成灶	WO2014127727A1	CN201320078796 20130220; CN201320421202 20130712

第六章　集成灶三大产业集群专利分析

我国集成灶行业已经形成了三大主要产业聚集群，分别位于浙江嵊州、浙江海宁以及广东佛山与中山（以下简称“广东”）。其中，嵊州集中程度最高，企业数量最多。

（1）绍兴嵊州

在众多厨电产品中，集成灶是唯一的中国原创技术产品，它的诞生是整个厨电行业的历史性突破，推动了整个现代厨房革命进程。2016 年国家出台了《“健康中国 2030”规划纲要》，集成灶顺应大势，前景更加广阔。集成灶扎根升级，创新发展，特别是浙江嵊州市把集成灶作为嵊州市的一个支柱产业，成立了专门的相关组织和协会。

嵊州企业（代表品牌有亿田、帅丰、森歌、奥田、美多、金帝、板川等）抓住机会，由嵊州厨具行业协会牵头，会同有关标准化部门和检测机构，在全国率先制定了《集成灶产品行业联盟标准》。嵊州浙江亿田智能厨电股份有限公司被中国标准化协会和中国五金制品协会确定为集成灶国家标准起草组组长单位，浙江帅丰电器股份有限公司成为集成灶产品国际标准的起草单位。嵊州市企业在标准制定上坐上了“头把交椅”，掌控了集成灶行业的话语权。目前，至少有 5 家企业的实验室开始按吸油烟机、灶具及集成灶产品最新国家标准要求进行改造升级，已有2家企业的实验室通过国家级实验室认可认证。

2016年“嵊州实施国家级厨具产品质量提升示范项目”顺利通过考核验收，这是浙江省开展“浙江制造”试点以来第一个通过省质监局验收的质量提升示范项目。多张“浙江制造”认证证书相继落户嵊州厨具企业，“嵊州市市长奖”“绍兴市市长奖”“浙江省政府质量奖”，近几年更是频频被嵊州厨具企业所斩获。

（2）嘉兴海宁

2022年7月11日，海宁市人民政府及相关行业协会共同举办海宁集成灶产业集群化发展新闻发布会暨企业新品发布活动，会上宣布将加快推进海宁集成灶产业集群化发展，打响“高端灶·海宁造”名产地品牌，并发布了《关于加快推进集成灶产业集群化发展的若干措施(2022—2026)》(下称《措施》)等一系列扶持政策，助推集成灶产业再迈新台阶。

海宁为未来集成灶产业集群化发展确立了明确发展目标，计划通过五年时间，形成200亿元规模的集成灶产业集群，使其成为“142”先进制造业集群[①]中高端装备制造产业的重点板块。《措施》涉及顶层设计、设立专项资金、企业梯度培育、产业创新平台、创新运营模式、提升品牌能级六大方面共二十条，全方位加大对集成灶产业的扶持力度，推进海宁集成灶产业高质量发展。此外，同期发布的海宁集成灶产业招大引强榜单、产业链核心部件招引榜单，及海宁集成灶产业技术攻关榜单、集成研究院招引榜单，也将助推海宁集成灶产业集群化目标的加速落地。其代表

① 即做强1个1000亿级时尚产业集群，壮大泛半导体、高端装备、光伏新能源、新材料4个500亿级产业集群，培育生命健康、航空航天2个100亿级产业集群。

企业有美大、火星人、优格、科太郎等。

（3）广东佛山与中山

厨电行业巨头之一的华帝诞生于广东省中山市小榄镇，是小榄的四大上市企业之一。华帝自有品牌虽然不生产集成灶，但子公司百得厨卫却是推出了多款集成灶产品。此外，好太太、风田、美盼、金利、美炊、帅太等品牌也是中山的知名集成灶企业。佛山万家乐、康宝、万和、万事达都是专业厨卫品牌，在看到集成灶市场的发展潜力后，这些企业纷纷推出了自己的集成灶产品。此外，美的、海信、志高、TCL 等也陆续跨行入局抢占集成灶市场，借助品牌原有资源，快速分得市场蛋糕。由厨电企业牵头，顺德在全国率先建立新材料和智慧家居产业园，通过技术创新、资本融合、产业链资源等，带动厨电上下游企业集聚发展。

本章节从专利申请趋势、专利类型、专利法律状态、专利维持时间和专利技术构成等方面，对集成灶三大主要产业集群进行对比分析。

6.1 专利申请趋势分析

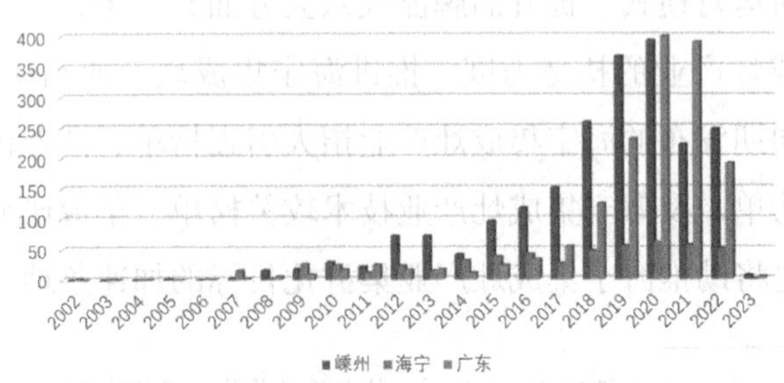

图 6-1 集成灶三大产业集群专利申请趋势

图 6-1 为集成灶三大产业集群专利申请趋势。可以看出：海宁最早在 2002 年就有了集成灶相关专利的申请，广东是从 2003 年开始集成灶相关专利的申请，嵊州则是从 2005 年开始集成灶相关的专利申请。

2006 年至 2016 年间，嵊州、海宁以及广东的申请量保持缓慢波动增长的态势，2017 之后三大产业集群都迎来了申请的高峰期。其中，嵊州、广东表现得比较明显：嵊州申请量在 2020 年达到 378 件，广东申请量在 2021 年达到 345 件，海宁申请量在 2018 年后超过了 50 件，但始终未过百。

三大产业集群在集成灶行业群雄逐鹿，在技术研发和专利布局上也互相赶超。

海宁地区发展集成灶相对较早，申请量在 2007 年之前有过短暂的领先，2010 年被嵊州赶超，2017 年之后又被广东超越。

嵊州地区发展集成灶起步相对较晚，但厚积薄发。除 2021 年的申请量被广东所赶超外，2011 年以来专利申请量均位居三大集群之首。

广东地区集成灶专利申请量 2017 年之前一直处于落后状态，2017 年开始快速增长，2021 年超过了嵊州，之后有所下降。

6.2　专利质量分析

6.2.1 专利法律状态分析

图 6-2 显示了嵊州、海宁、广东三大产业集群集成灶专利的

法律状态。从嵊州专利的法律状态来看，集成灶专利处于有效、已失效和审中状态的专利分别为 1339 件、596 件和 206 件，占比 62%、28% 和 10%；海宁集成灶处于集成灶专利有效、已失效和审中状态的专利分别为 361 件、143 件和 41 件，占比 66%、26% 和 8%；广东集成灶专利处于有效、已失效和审中状态的专利分别为 1073 件、279 件和 210 件，占比 69%、18% 和 13%。

相对而言，三大产业集群中，广东、海宁的有效专利比例高，分别达到 69% 和 66%，比嵊州（62%）高 4—7 个百分点。可见，广东和海宁更注重集成灶专利的维持。此外，三大产业集群专利的失效原因主要是以未缴年费和期限届满为主。

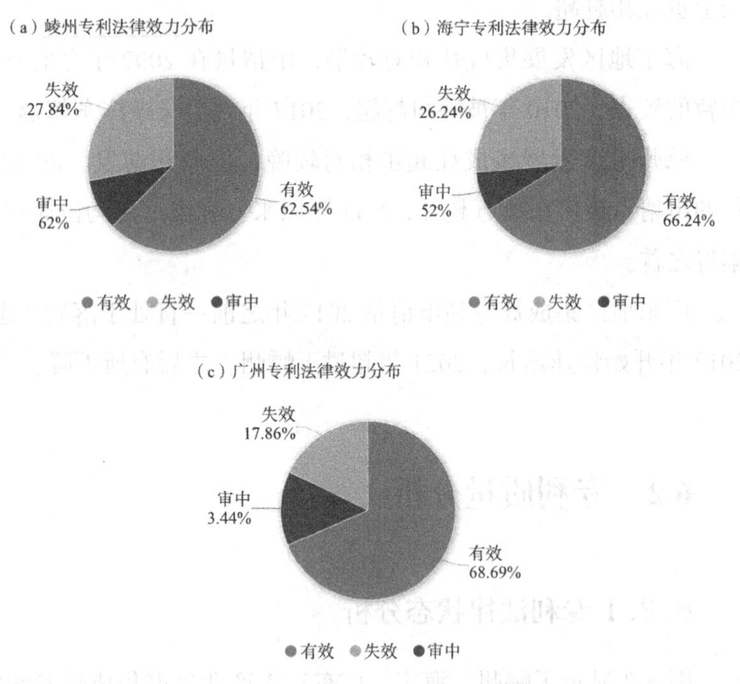

图 6–2　集成灶三大产业集群专利法律状态

6.2.2 专利类型分析

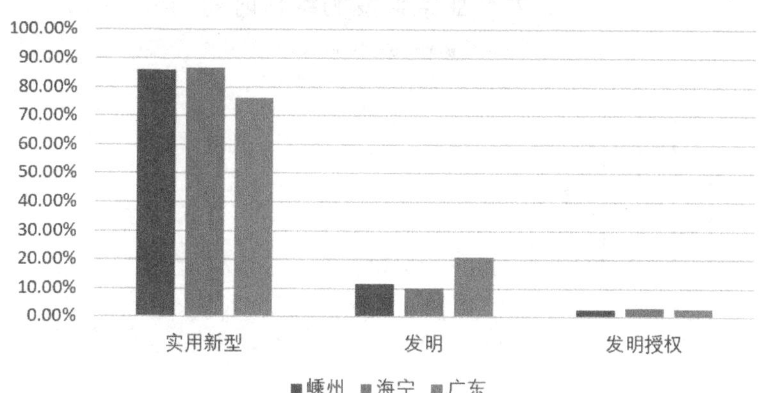

图 6–3　集成灶三大产业集群专利类型分布

图 6-3 为集成灶三大产业集群专利类型分布。嵊州 2141 项专利族 2195 件专利中，发明 246 件，发明授权 55 件，实用新型 1840 件，占比分别为 11.49%、2.57% 和 85.94%；海宁地区 545 项专利族 558 件专利中，发明 53 件，发明授权 17 件，实用新型 473 件，占比分别为 9.91%、3.30% 和 86.79%；广东 1566 项专利族 1622 件专利中，发明 327 件，发明授权 46 件，实用新型 1193 件，占比分别为 20.94%、2.94% 和 76.18%。

可见，三大产业集群专利类型最多的是实用新型，占比均 75% 以上，其中海宁地区最多，实用新型专利占比达到 86% 以上；发明专利占比普遍不高（不到 20%），三大产业集群中广东的相对较高，为 20.94%，海宁的最低，只有 9.91%，嵊州居于中间，发明占比 11.49%；发明授权占比更低（不到 5%），三大产业集群中由高到低分别是海宁 3.30%、广东 2.94% 和嵊州 2.57%。

6.2.3 专利维持时间分析

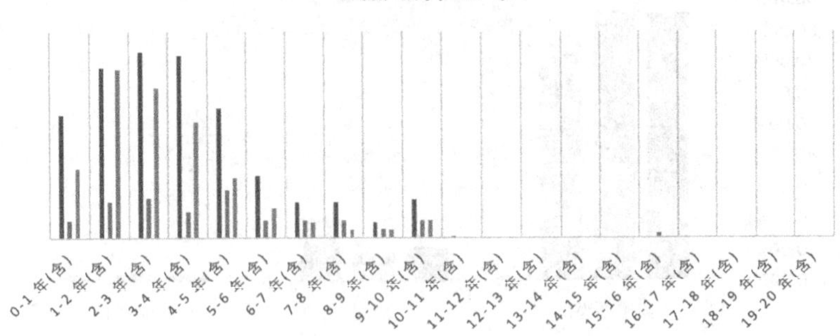

图 6-4　集成灶三大产业集群专利维持时间

图 6-4 为集成灶三大产业集群专利维持时间。三个地区绝大多数专利维持时间范围在 0—4 年之间，维持时间最长的达 15—16 年，申请人是海宁浙江美大实业股份有限公司和其创始人夏志生，见表 6-1。嵊州地区维持时间在 1—2 年和 3—4 年的最多，占比 39.73%，其次是 2—4 年的，占比 18.45%；海宁维持时间在 4—5 年和 2—3 年的最多，占比 30.69%，其次是 1—2 年的，占比 13.73%；广东维持时间在 1—2 年和 2—3 年的最多，占比 52.15%，其次是 3—4 年的，占比 16.43%。5 年以上专利维持率由高到低依次为海宁 35.22%、嵊州 16.05%、广东 12.15%。总体而言，集成灶三大产业集群的专利维持时间较短，主要由于未缴年费而失效，说明该领域技术门槛相对较低，值得长期保护的关键核心技术较少。

表 6-1 三大产业集群维持时间 15 年以上的集成灶专利

专利名称	申请信息	摘要	申请人
下排油烟式灶具一体机	CN200710164565.3 2007-12-07 同族专利： CN101451741A; CN101451741B;	下排油烟式灶具一体机，包括柜式机身，机身的面板上设有多个下凹的筒形灶孔，灶孔的底板上设置有灶具，灶孔的壁面上部设置有优弧状的吸气口，所述的灶孔朝向人的一侧开有把手孔，设有一总体上与所述面板平行的底板，所述的底板延伸到柜式机身的四个侧壁；面板架设在所述的侧壁顶部上；灶孔嵌入所述的面板和底板组成的双层结构中，灶孔的壁面与面板和底板均密封连接，所述的面板、底板、灶孔的壁面与柜式机身的四个侧壁围合成一连通的密闭集气腔；风机的进风口设置在底板的开孔上，风机还连接排气管	夏志生
一种下排油烟式灶具一体机	CN200710164564.9 2007-12-7 同族专利： CN101451740A; CN101451740B; HK1144004A1; DE112008003178B4; GB2467678A; GB2467678B; GB201008170D0; DE112008003178T5; US8528539B2; JP5139537B2; US20100242945A1; JP2011503515A; WO2009074026A1	下排油烟式灶具一体机，包括柜式机身，机身的面板上设有多个下凹的筒形灶孔，灶孔的底板上设置有灶具，灶孔壁面的上部设置有优弧状的吸气口，所述的灶孔朝向人的一侧开有把手孔，设有一总体上与所述的面板平行的底板，所述的底板具有锅底状结构，底板靠近机身的侧壁的部分向上延伸到面板和底板的结合部；面板架设在所述的侧壁顶部上；灶孔嵌入所述的面板和底板组成的双层结构中，灶孔的壁面与面板和底板均密封连接，所述的面板、底板、灶孔的壁面围合成一连通的密闭集气腔；风机的进风口设置在底板的开孔上，风机还连接排气管	浙江美大实业股份有限公司

（续表）

专利名称	申请信息	摘要	申请人
油烟机灶具一体机的风口封闭装置	CN200710164566.8 2007-12-07 同族专利： JP2011505539A;DE112008003299B4;DE112008003299T5;CN101451742A;CN101451742B;JP5161974B2;WO2009074028A1;US20100258108A1;GB201009130D0;GB2467693A;GB2467693B;HK1144005A;HK1144005B;HK1144005A1	发明所述的油烟机灶具一体机的风口封闭装置，包括可覆盖灶孔筒壁上的吸风口的升降环，升降环连接一个驱动机构，沿灶孔筒壁的外表面滑动。可关闭风口，防止室外风倒灌	浙江美大实业股份有限公司
一种油烟机灶具一体机	CN200710164567.2 2007-12-07 同族专利： CN101451740A;CN101451740B;HK1144004A1;HK1144004A;HK1144004B;WO2009074026A1;JP2011503515A;JP5139537B2;US20100242945A1;US8528539B2;GB201008170D0;GB2467678A;GB2467678B;DE112008003178B4; DE112008003178T5	发明所述的油烟机灶具一体机，包括柜式机身，机身的面板上设有下凹的筒形的灶孔，灶孔的底板上设置有灶具，灶孔的壁面上部设置有优弧状的吸气口，所述的灶孔朝向人的一侧开有把手孔，吸气口罩在集气箱内，风机的进风口设置在集气箱内，灶孔的壁面与集气箱的顶板和底板连接，风机还连接排气管，集气箱顶面附着有遮住所述顶面与集气箱侧板的结合部的挡条。具有防漏油性好的优点	浙江美大实业股份有限公司

（续表）

专利名称	申请信息	摘要	申请人
油烟机灶具一体机	CN200710164568.7 2007-12-07 同族专利： CN101451744A; CN101451744B	发明所述的油烟机灶具一体机，包括柜式机身，机身的面板上设有下凹的筒形的灶孔，灶孔的底板上设置有灶具，灶孔壁面的上部设置有优弧状的吸气口，所述的灶孔朝向人的一侧开有把手孔，吸气口罩在集气箱内，风机的进风口设置在集气箱内，灶孔的壁面与集气箱的顶板和底板连接，风机还连接排气管，所述的灶孔的壁面与底板上的环状凸边扣合，所述的灶孔壁面包在所述凸边外。能够提高防漏油性	浙江美大实业股份有限公司
油烟机灶具一体机	CN200710164569.1 2007-12-07 同族专利： CN101451745A; CN101451745B; WO2009074027A1	发明所述的油烟机灶具一体机，包括柜式机身，机身的面板上设有下凹的灶孔筒，灶孔筒的底板上设置有灶具，灶孔筒壁的上部设置有优弧状的吸气口，所述的灶孔朝向人的一侧开有把手孔，吸气口连通集气箱内，风机的进风口设置在集气箱内，风机还连接排气管，在集气箱内，可覆盖灶孔筒壁上的吸气口的升降环可滑动地连接在灶孔筒壁的外表面，所述的升降环连接一个驱动机构	夏志生

（续表）

专利名称	申请信息	摘要	申请人
油烟机灶具一体机	CN200710164570.4 2007-12-07 同族专利： CN101451746A; CN101451746B; WO2009074025A1	发明所述的油烟机灶具一体机，包括柜式机身，机身的面板上设有下凹的灶孔筒，灶孔筒的底板上设置有灶具，所述的灶孔筒朝向人的一侧开有把手孔，风机的进风口设置在集气箱内，风机还连接排气管，升降环可滑动地连接在灶孔筒壁的外表面，升降环的内腔连通所述的集气箱，在升降环升起时露出灶孔筒壁的内侧部开有吸气口，所述的升降环连接一个升降驱动机构。能够防止室外空气倒灌到室内	浙江美大实业股份有限公司
油烟机灶具一体机	CN200710164571.9 2007-12-07 同族专利： CN101451746A; CN101451746B; WO2009074025A1	发明所述的油烟机灶具一体机，包括柜式机身，机身的面板上 设有下凹的筒形的灶孔，灶孔的壁面上部设置有优弧状的吸气口，所述的灶孔朝向人的一侧开有把手孔，吸气口罩在集气箱内，风机的进 风口设置在集气箱内，灶孔的壁面与集气箱的顶板和底板连接，风机还连接排气管，灶孔的底板上设置有灶具组件，所述的灶具组件包括 炉芯、火盖、基座，火盖上有依圆心均匀分布的火孔，所说的火孔倾 斜设置。能够纠正火焰偏心度，提高热效率	夏志生

6.3 专利技术构成分析

表 6-2 嵊州产业集群专利技术 IPC 构成

IPC 分类号（小组）	专利数量	含义
F24C15/20	1343	烹调烟气的排除
F24C3/00	336	气体燃料的炉或灶
A47B77/08	282	与用动力（包括水力）操作的装置相结合的；与烹调、冷却或洗涤装置相结合的
F24C15/00	218	零部件
F24C3/12	168	控制或安全装置的配置或安装
F24C15/08	133	底座或支承板；炉脚或支柱；外壳；轮子
A47J27/04	132	在蒸气中烹调食品用的；用蒸气提取水果汁的装置
A47J37/06	127	烘烤器；烤肉格子；烤三明治的格子
F24C15/10	99	炉顶，例如热板；炉环
F24C15/18	87	附属于烹调部分的隔间配置，例如用于加温的，用于存放器皿或燃料容器的；附加的加热或烹调装置的配置

从表 6-2 可以看出，嵊州产业集群专利技术 IPC 主要集中在：F24C15/20（烹调烟气的排除）、F24C3/00（气体燃料的炉或灶）、A47B77/08（与用动力包括水力操作的装置相结合的；与烹调、冷却或洗涤装置相结合的）这 3 个分类，专利聚类主要集中在包括排油烟、挡烟板、吸烟口、蒸烤箱、风机系统等方面，如图 6-5 所示。

图 6-5　嵊州产业集群专利聚类分析

表 6-3　海宁产业集群专利技术 IPC 构成

IPC 分类号（小组）	专利数量	含义
F24C15/20	356	烹调烟气的排除
F24C3/00	61	气体燃料的炉或灶
F24C15/00	58	零部件
F24C3/12	55	控制或安全装置的配置或安装
A47J27/04	31	在蒸汽中烹调食品用的；用蒸汽提取水果汁的装置

（续表）

IPC 分类号（小组）	专利数量	含义
A47B77/08	26	与用动力（包括水力）操作的装置相结合的；与烹调、冷却或洗涤装置相结合的
F24C15/08	25	底座或支承板；炉脚或支柱；外壳；轮子
F24C15/10	23	炉顶，例如热板；炉环
A47J37/06	21	烘烤器；烤肉格子；烤三明治的格子
F24C3/08	19	燃烧器的配置或安装

从表 6-3 可以看出，海宁产业集群专利技术 IPC 主要集中在：F24C15/20（烹调烟气的排除）、F24C3/00（气体燃料的炉或灶）、F24C15/00（零部件）这 3 个分类，专利聚类技术主要集中在集成灶翻盖，包括吸排油烟、油烟机、燃气总管、集烟腔、集成灶翻盖等方面，如图 6-6 所示。

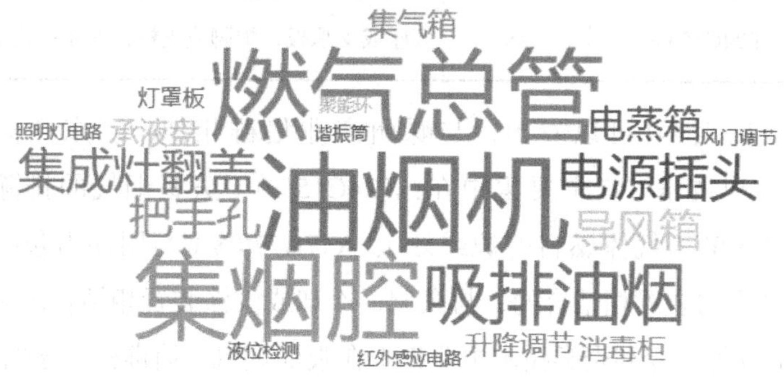

图 6-6　海宁产业集群专利聚类分析

表 6–4　广东产业集群专利技术 IPC 构成

IPC 分类号（小组）	专利数量	含义
F24C15/20	797	烹调烟气的排除
F24C3/00	257	气体燃料的炉或灶
A47B77/08	140	与用动力（包括水力）操作的装置相结合的；与烹调、冷却或洗涤装置相结合的
F24C3/12	139	控制或安全装置的配置或安装
F24C15/00	116	零部件
A47J27/04	115	在蒸汽中烹调食品用的；用蒸汽提取水果汁的装置
A47J37/06	91	烘烤器；烤肉格子；烤三明治的格子
F24C3/08	63	燃烧器的配置或安装
F24C15/10	50	炉顶，例如热板；炉环
F24C15/08	48	底座或支承板；炉脚或支柱；外壳；轮子

从表6-4可以看出，与嵊州产业集群相似，广东产业集群专利技术IPC主要集中在：F24C15/20（烹调烟气的排除）、F24C3/00（气体燃料的炉或灶）、A47B77/08（与用动力包括水力操作的装置相结合的；与烹调、冷却或洗涤装置相结合的）这3个分类，专利聚类技术主要集中在吸油烟机、消毒柜、导烟板、厨房电器、蒸烤箱、离心风机等方面，如图6-7所示。

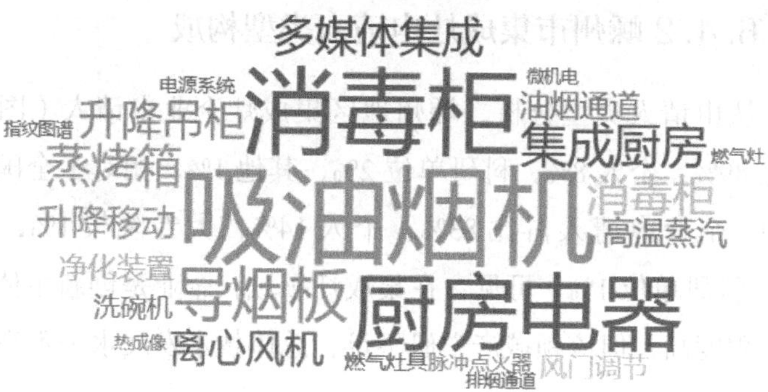

图 6-7 广东产业集群专利聚类分析

6.4 嵊州集成灶产业专利特点

本节将针对嵊州市集成灶产业专利进行进一步分析，分析维度包括专利申请数量、重要专利占比、专利有效性，以及对嵊州集成灶产业主要专利申请人进行分析。

嵊州市集成灶专利共 2141 项、专利族 2195 件专利，占比集成灶中国专利总量的 27.84%，超过四分之一，分别来自 306 个申请人。其申请人中企业占比达 89%，个人 8%，科研单位 2%，其他 1%。

6.4.1 嵊州市集成灶专利有效性

集成灶在中国专利的有效率为 61.83%，失效率为 25.63%，审中 12.54%。嵊州集成灶专利的有效率为 62.54%，失效率为 27.84%，审中 9.62%。

6.4.2 嵊州市集成灶申请人类型构成

从申请人类型分析，嵊州地区集成灶企业申请人（图 6-8）占比 89%，个人 8%，科研单位 2%，其他 1%。相对于全国（图 6-9），企业申请人占比 83%、个人 14%，大专院校 1%，其他 1%，科研单位 1%。可见，在集成灶领域，企业是创新主体，产业化程度高，但该领域产学研不足，总体技术发展水平不高。

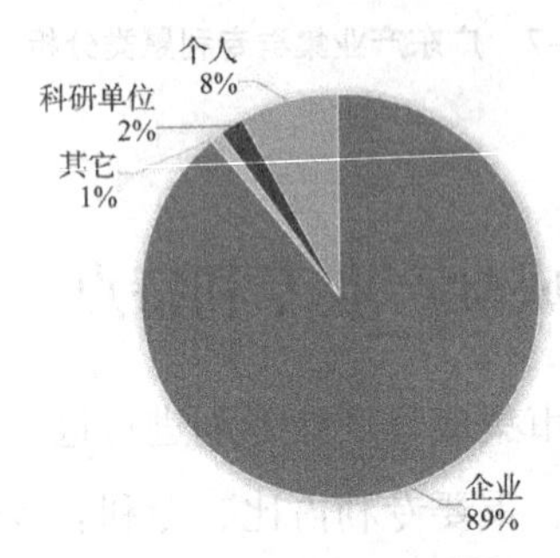

图 6–8 嵊州市集成灶专利申请人类型构成

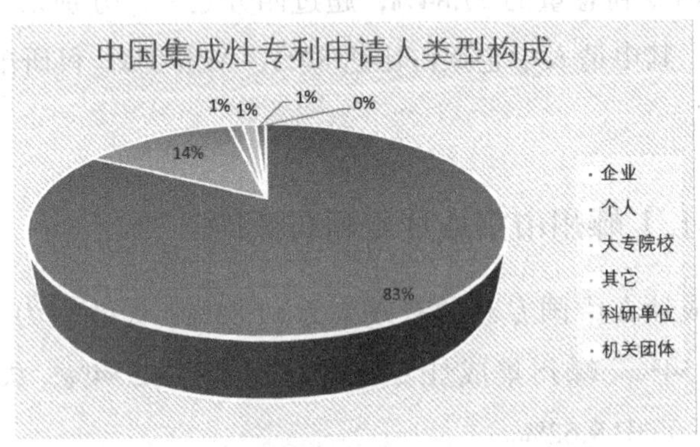

图 6–9 中国集成灶专利申请人类型构成

6.4.3 嵊州市集成灶被引专利情况分析

从重要程度来说，专利可归纳为 3 个类型：一般专利、重要专利和核心专利。一般专利是在结构、技巧等方面的改进或提高的专利，多数专利都是一般专利；重要专利是在行业技术领域具有一定独特性、能产生较好技术效果的专利；核心专利是真正能判断一个企业是否具有很强的创新能力，在其所从事的领域拥有核心技术的标志。核心专利可从技术价值、经济价值和受重视程度来确定。技术价值可从被引频次、引用科技文献数量、主要申请人或发明人等方面来筛选。经济价值主要是指专利的许可、转让、实施、复审、无效、诉讼等方面的情况。受重视程度是指同族数量、PCT 专利申请、专利维持期限、权利要求数量等方面。本节从被引专利和合享价值度的维度，来分析嵊州集成灶专利的重要专利情况。

被引频次是确定核心专利的重要途径。图 6-10 为被引用的集成灶专利地区分布：排名在前的地区依次为嵊州、海宁、顺德、慈溪、鄞州区、香洲区、小榄镇、江干区、莱西市、绍兴县。

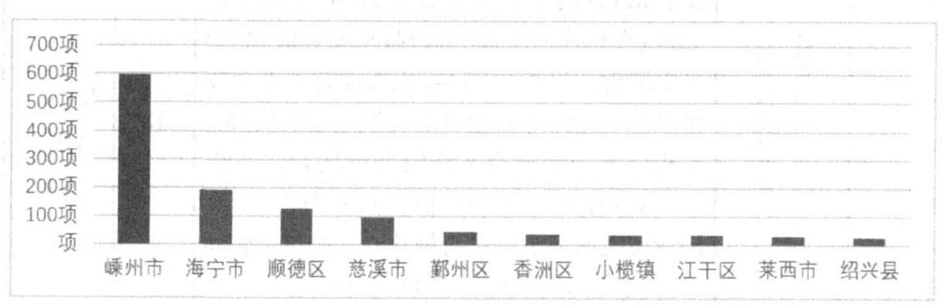

图 6-10　被引用的集成灶专利地区分布

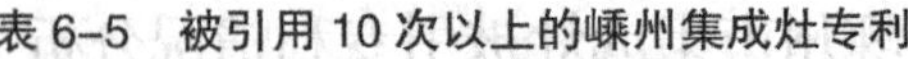

表 6–5　被引用 10 次以上的嵊州集成灶专利

序号	专利名称及申请号	摘要	被引次数	申请人
1	侧吸下排下置风机集成灶 CN201610647070.5	本发明公开了一种侧吸下排下置风机集成灶，包括机体、灶具总成、除油烟装置，所述除油烟装置包括风机，置于机体内的进烟通道，机体后部上方具有与进烟通道相通的集烟罩，所述风机包括蜗壳，置于蜗壳内的叶轮以及与叶轮连接的电机，蜗壳一侧具有进风口，所述集烟罩正面开设有进烟口，所述机体内底部且位于蒸箱或烤箱或洗碗机或消毒柜内胆的下方具有一空腔，在空腔内横向放置有一所述风机，所述风机置于空腔内后能使油烟从蜗壳一侧的进风口进入所述蜗壳内，所述进烟通道与所述空腔相通，所述蜗壳的出气口连接有一排风管。采用上述结构后，本发明能充分利用集成灶机体内空间，风机维修方便，且能直接将油烟排出室外，提高除烟效果	19	浙江亿田智能厨电股份有限公司
2	一种智能化集成灶 CN201721114779.5	本实用新型涉及集成灶技术领域，公开了一种智能化集成灶，包括吸油烟设备(1)，吸油烟设备 (1) 上部设有安装槽 (2)，安装槽 (2) 右端下部设有无线充电板 (3)，安装槽 (2) 内部设有平板电脑 (4) 并与平板电脑 (4) 相连，平板电脑 (4) 从安装槽 (2) 中自由装拆，平板电脑 (4) 正面设有若干个按钮 (5)，按钮 (5) 右边设有无线充电模块 (6)，平板电脑内部设有无线收发模块 (7)，平板电脑 (4) 在安装槽 (2) 进行自由装拆。本实用新型吸油烟设备设有散热孔，避免集成灶因温度高出现故障，平板电脑通过软件对集成灶的工作状态进行实时检测，保证集成灶安全运行，设置在平板电脑上的按钮，远程控制消毒柜和保鲜柜的工作状态	18	浙江板川电器有限公司

（续表）

序号	专利名称及申请号	摘要	被引次数	申请人
3	一种带有烘干装置的集成灶 CN201520815516.1	本实用新型主要公开了一种带有烘干装置的集成灶，其技术方案：包括主体、灶台和翻盖，所述翻盖一侧设有连接块，所述连接块的两侧设有带电磁铁的连接孔，所述灶台上设有凹槽，所述凹槽内设有压块和微动开关，所述压块与凹槽通过压簧连接，所述凹槽的左右内壁上设有定位孔和通过弹簧与定位孔连接的卡柱，所述主体内设有进气管和控制器，所述进气管上设有电磁阀，所述控制器一端与微动开关连接，另一端分别与电磁阀和电磁铁连接，所述主体上设有冷藏柜、消毒柜和烘干柜，本实用新型功能多样，具有烘干功能，能使翻盖合上后处于锁定状态，同时关闭燃气通道，提高集成灶的使用安全性	12	浙江科恩电器有限公司
4	一种侧吸下排式集成灶 CN200920116356.6	本实用新型涉及一种油烟机灶具，具体是指一种适用于家用的侧吸下排式 集成灶。目的是提供一种侧吸下排式集成灶的改进，该集成灶应具有节能、排烟彻底、方便清洗装卸的特点，并且结构简单合理、设计新颖。本实用新型采用的技术方案是：一种侧吸下排式集成灶，包括燃气灶、吸油烟机、保洁柜和储藏柜，其特征在于所述的吸油烟机包括设置在燃气灶台后上方的侧吸式进风罩，该进风罩上安装有进风网片和挡风板，所述挡风板设置在进风网片的上部，并与进风罩上部的转动销轴铰接；该进风罩的入风口依次与集成灶内的风道、风机、排风口、排风管相连通，形成一个空气通路，以便使进入进风罩内的油滴从该空气通路中排出	11	范德忠

6.4.4 嵊州市集成灶高价值度专利情况分析

专利价值度评分是以 incoPat 系统中的专利“合享价值度”为依据。合享价值度主要依托于合享自主研发的专利价值模型进行计算。该专利价值模型融合了专利分析行业内最常见和重要的技术指标（如技术稳定性、技术先进性、保护范围层面等 20 多个技术指标），通过设定指标权重、计算顺序等参数，将专利分为 1—10 分，分数越高则专利价值越高，价值度为 9—10 分的专利为高价值专利。

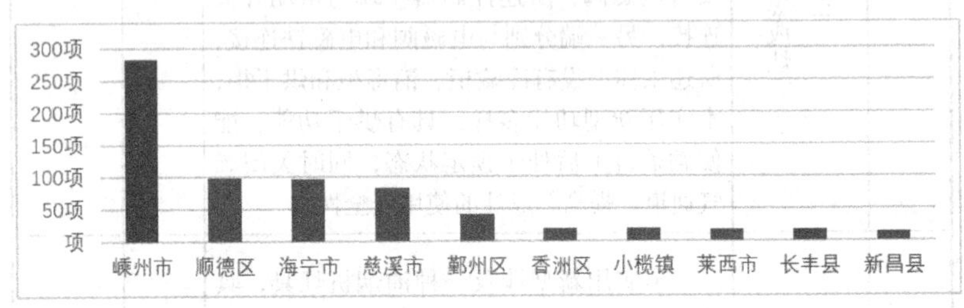

图 6-11　专利价值度 9 以上专利地区分布

图 6-11 为 incoPat 专利价值度 9—10 分的专利地区分布，依次为：嵊州、顺德、海宁、慈溪、鄞州、香洲、小榄、莱西、长丰、新昌。在全部 7987 件集成灶中国专利中，价值度为 9 以上的专利有 1101 件，其中嵊州有 311 件，占比 28.25%。

综上所述，嵊州集成灶专利量占比集成灶中国专利总量的 27.84%，超过四分之一以上，其专利有效率高于全国专利有效率。在被引专利数量上，嵊州也远超全国其他地区，其中浙江亿田的侧吸下排下置风机专利技术更是开创了集成灶侧吸下排的新时代。此外，在集成灶高价值专利方面，嵊州占比 28.25%。可见，无论是专利的数量还是从专利的质量方面，嵊州集成灶都是行业的领军力量。

6.4.5 嵊州近 3 年申请专利主要发明人

表 6-6　集成灶中国专利近 3 年主要发明人申请数量

发明（设计）人	专利数量（含个人申请）	所在公司（申请人）	发明占比
周水清	69	嵊州浙工大研究院	94%
孙伟勇	57	亿田	69%
陈月华	53	亿田	64%
过林华	49	奥田	62%
张海梁	44	奥田	53%
邵贤庆	40	帅丰	89%
过颖洁	37	奥田	47%
钱松良	37	蓝炬星	100%
过聪颖	35	奥田	44%
郑帅鸿	32	卡梦帝	100%

表 6-6 为集成灶中国专利申请主要发明人排序，排名前十的发明人分别来自 6 家公司 / 机构：嵊州市浙江工业大学创新研究

院、亿田、奥田、帅丰、蓝炬星和卡梦帝。其中，排名第一的周水清来自嵊州市浙江工业大学创新研究院，排名第二和第三的孙伟勇和陈月华来自亿田，排名第四、第五、第七、第九的过林华、张海梁、过颖洁、过聪颖来自奥田，排名第六的邵贤庆来自帅丰，排名第七的钱松良来自蓝炬星、排名第十的郑帅鸿来自卡梦帝。

这些发明人均为各自公司的核心发明人，其中，嵊州市浙江工业大学创新研究院、蓝炬星、卡梦帝的发明人参与公司 90% 以上的专利申请，亿田和帅丰集团的发明人参与公司 50%—90% 的专利申请，奥田的发明人参与公司 44%—62% 的专利申请。

第七章　结论与建议

7.1　结论

7.1.1 集成灶产业专利分析总结

从申请趋势看，集成灶全球专利申请趋势与中国专利申请趋势基本趋同，全球集成灶相关专利有近8000件，中国集成灶有7600余件，占比95%。这主要是由于集成灶是根据中国式厨房的切实需求而诞生和发展的，适用于喜欢爆炒等易产生重油烟的中式烹饪习惯的烟灶产品，其市场和相应的研发主要集中在中国。集成灶专利申请趋势大致可分2个时间节点三个阶段：2006年以前是集成灶技术萌芽期，国内外陆续出现零星的集成灶相关专利申请，美大创始人夏志生于2002年申请了深井环吸和侧吸强排的2件专利，并于次年即2003年诞生了业界公认的第一台深井式集成灶。2007—2017年是集成灶技术发展初期，集成灶专利申请量开始从两位数逐步增加到三位数。2018年起是集成灶专利申请量快速增长期，2020年申请量达到1300多件。浙江省最早的专利诞生于2002年海宁美大，嵊州最早的专利出现在2005年。2006年至2016年，浙江省每年专利数量逐渐增加；2016年之后进入快速增长期，与全国的趋势趋同。浙江省内申请量最多的地区是嵊州、海宁和慈溪，嵊州的集成灶专利申请量从 2010 年起一直居全省首位，并且在全国范围内占比超过四分之一。

从申请地域看，申请最多的是中国（包括中国台湾，95%以上），其次为日本、韩国、德国、美国、西班牙和法国，集成灶相关技术研发和市场主要还是以中国为主。由于集成灶是根据中式烹饪习惯的切实需求而诞生，中国也是该技术研发的核心地域，因此其发明创造申请几乎都集中在中国。从国内申请地域来看，主要申请人集中在长三角和珠三角地区，目前已形成浙江嵊州、浙江海宁和广东佛山与中山集成灶三大产业集群。就省市区域来说，浙江省集成灶领域专利申请量最多，占比 57.90%，其次为广东，占比 20.83%，这两个省占据了全国将近 80% 的申请量，中西部省份申请量占比不到 10%。

从专利申请人看，国外主要申请人有博世集团、LG 电子株式会社、美的集团、松下电器、TOTO 集团、夏志生、海尔集团、伊莱克斯家用电器股份公司、三洋电机、可丽娜株式会社、格力集团等。国内主要申请人有美的集团、宁波方太厨具有限公司、海尔集团、浙江亿田智能厨电股份有限公司、华帝股份有限公司、火星人厨具股份有限公司、杭州老板电器股份有限公司、浙江蓝炬星电器有限公司、浙江帅丰电器股份有限公司、珠海格力电器股份有限公司、浙江美大实业股份有限公司、浙江森歌智能厨电股份有限公司。浙江省内主要申请人有：方太、亿田、火星人、老板、蓝炬星、帅丰、美大、森歌、奥田、奥克斯、嵊州市浙江工业大学创新研究院、北斗星等。

从专利发明人看，中国发明授权专利排名前十的发明人来自 6 家公司：美大夏志生（12 件），方太杨均（12 件）、罗灵（8 件）、戎胡斌（7 件）、李怀峰（8 件）和黄友根（6 件）；海尔邓鹏飞（9 件）和付成冲（6 件），美的蒋济武（7 件），蓝炬星钱松良（7 件）。方太和海尔在集成灶技术领域的人才积累相对雄厚。

从专利质量看：（1）专利有效性方面，三大产业集群中，广东、海宁的有效专利比例高，高于嵊州 4—8 个百分点。（2）专利类型方面，三大产业集群专利类型最多的是实用新型，占比均 60% 以上，其中嵊州地区最多，实用新型专利占比达到 88% 以上；发明专利占比普遍不高（不到 20%），三大产业集群中广东的发明专利占比相对较高，为 19.34%，海宁的最低，只有 7.95%，嵊州居于中间，发明占比 10.30%；发明授权占比更低（不到 5%），三大产业集群中由高到低分别是广东 2.74%、海宁 2.65% 和嵊州 1.48%。（3）专利维持时间方面，三个地区绝大多数专利维持时间范围在 0—4 年之间。嵊州地区维持时间在 1—2 年和 3—4 年的最多，占比 39.73%；其次是 2—4 年的，占比 18.45%。5 年以上专利维持率由高到低依次为海宁 35.22%、嵊州 16.05%、广东 12.15%。总体而言，集成灶领域实用新型专利较多，发明专利占比较低，发明专利授权率低，说明专利技术创新性不足；同时，专利维持时间较短，主要由于未缴年费而失效，说明该领域技术门槛相对较低，长期保护的关键核心技术较少。

从技术构成看，全球和中国排在前三的技术构成一致，都是：F24C15/20（烹调烟气的排除）、F24C3/00（气体燃料的炉或灶）、A47B77/08（与用动力包括水力操作的装置相结合的，与烹调、冷却或洗涤装置相结合的）。浙江省的略有不同：浙江省排在前三的技术构成是：F24C15/20（烹调烟气的排除）、F24C3/00（气体燃料的炉或灶的）、F24C15/00（零部件）。

单看嵊州市，嵊州集成灶专利申请量占比中国总量的27.84%，其被引专利数量和高价值度专利也比其他地区多，其专利有效率（62.54%）高于全国平均水平（61.83%）。专利申请人以企业和个人为主，科研院所和高校占比较低，产业化程度高，但产学研不足。嵊州产业集群专利技术IPC主要集中在：F24C15/20（烹调烟气的排除）、F24C3/00（气体燃料的炉或灶）、A47B77/08（与用动力包括水力操作的装置相结合的；与烹调、冷却或洗涤装置相结合的）这3个分类，专利聚类主要集中在包括排油烟、挡烟板、吸烟口、蒸烤箱、风机系统等方面。

7.1.2 集成灶相关技术发展脉络

（一）集成灶绿色降噪技术

集成灶通过将侧吸下排式吸油烟机与燃气灶相结合，并在此基础上选择集成烤箱、蒸箱、消毒柜、储物柜等多种功能模块，实现了厨房家电一体化、集成化。集成灶的噪声分别来源于气动噪声、机械噪声和电磁噪声，其中气体流经集成灶风道时产生的气动噪声是集成灶产生的首要噪声源。

噪声的控制根据原理不同，可分为主动降噪和被动降噪。主动降噪也叫“有源降噪”，是指产生和噪声完全相反的声波来对冲原声波，并使之减弱甚至消失的方式进行降噪，对低频噪声效果好。主动降噪需要利用传感器感知外部噪声，然后利用声波发生元件产生与外部噪声相反的声波从而来抵消噪声。被动降噪是物理降噪，多采用物理方法，即利用材料的各种特性，对噪音采取隔离、减震、阻尼等方式进行降噪。这种降噪方式对高频噪音效果明显，对低频噪音效果不佳。被动降噪一般需要附加装置，增加产品造价、装置体积大。

在前期检索统计的基础上，我们绘制了集成灶降噪技术发展路线图，如图 7-1，并对结果分析如下。

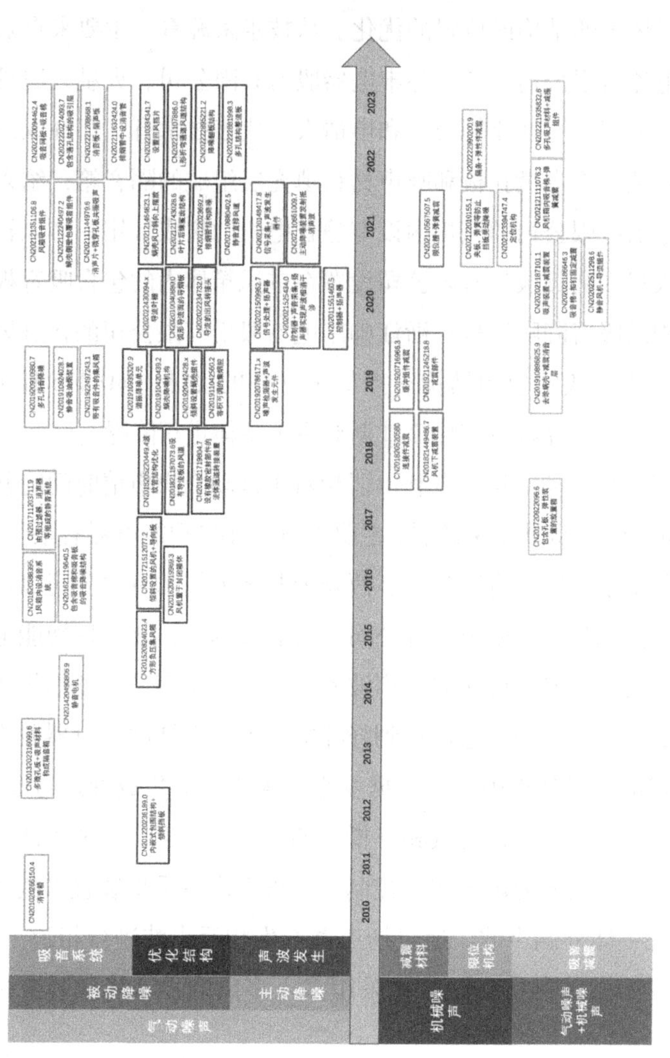

图 7-1　集成灶降噪技术发展路线

（1）集成灶气动噪声降噪技术主要向着消声降噪和优化风机结构的被动降噪方向发展。

消声降噪主要采用吸声、隔声装置或多孔材料等吸声材料或装置来进行，后者主要是针对叶轮、蜗舌、集流器、蜗壳宽度等风机或风道的结构或位置的优化。从技术来源看，主要来自嘉兴亚泰电器有限公司、浙江帅丰电器股份有限公司、火星人厨具股份有限公司、郑红亚等公司和申请人。代表技术有：郑红亚的风机外安装，由多微孔板和吸声材料填充层组成的隔音箱；绍兴市普森电器有限公司的风机内设有静音电机的集成灶用一体风箱装置；火星人厨具股份有限公司设置在进风箱体内的包含吸音板和吸音棉的吸音降噪结构；浙江帅丰电器股份有限公司的在进风路径设置内嵌式的包围结构 + 挡板 + 立柱的设计；嵊州市浙江工业大学创新研究院设有导流叶栅对风道本体进行降噪。

集成灶主动降噪的专利申请相对于被动降噪申请时间晚并且申请量较少。从技术来源看，主要来自北斗星智能电器有限公司、浙江帅丰电器股份有限公司、西安云脉智能技术有限公司以及北京安声浩朗科技有限公司等公司。代表技术有：北斗星智能电器有限公司采用噪声检测器 + 声波发生元件产生声波以抵消集成灶主体的噪声源声波，进而达到降噪的目的；浙江帅丰电器股份有限公司的信号处理模块，根据麦克风采集到的集成灶运行噪声，通过扬声器产生可以与其相互抵消的相反声音进行相消干涉；西安云脉智能技术有限公司的控制器，根据声音采集装置采集到的集成灶主体外侧声波，通过扬声器产生相反声波进行相消干涉；北京安声浩朗科技有限公司采用多入多出的主动降噪装置排布方式。

（2）集成灶机械噪声降噪技术向着减震系统和限位装置的方向发展。

从技术来源看，主要来自绍兴市普森电器有限公司、嵊州市顾家电器有限公司、宁波奥克斯电气有限公司、嵊州市金帝智能厨电有限公司等企业。代表技术有：嵊州市顾家电器有限公司的连接件减震、降噪管体填充有降噪层的方形集风箱的集成灶负压箱结构；宁波奥克斯电气有限公司的设置在风机下方的减震降噪机构；嵊州市金帝智能厨电有限公司的风机缓冲组件和减震组件；浙江奥田电器股份有限公司利用夹板、滑片、弹簧、皮筋配合，阻碍挡板晃动，以此避免挡板与机体碰撞实现降噪的集成灶窄边机头。

（3）集成灶气动噪声＋机械噪声降噪技术向着消声降噪和减震系统组合降噪方向发展。

从技术来源看，主要来自浙江尼泰厨具科技有限公司、浙江工业大学、浙江沃普思智能科技有限公司、嵊州市金帝智能厨电有限公司等企业和科研院所。代表技术有：浙江尼泰厨具科技有限公司的包含孔板、弹性装置的放置箱；浙江工业大学去除传统蜗壳、采用包括减振橡胶和消音棉的减振消音层集成灶用降噪减阻型风道系统；浙江沃普思智能科技有限公司在集风罩中增设吸声装置进行降噪，并通过连接处的减震装置减少振动产生的噪声；嵊州市金帝智能厨电有限公司采用静音风机和引导气流匹配流道的导流组件。

（二）集成灶燃烧系统热效率提高

集成灶的燃烧器跟火力息息相关，是一种将物质通过燃烧方式转化热能的设备，即将空气与燃料通过预混装置按适当比例混兑以使其充分燃烧。因此，燃烧器的好坏会直接影响到火焰的稳定，也就是常说的火力大小和热效率。中国人更喜欢猛火爆炒的烹饪方式，集成灶的燃烧器应当具备大火力特点，才能更适合中式厨房。

集成灶的燃烧系统是由进气阀嘴、燃气总管、点火总成、电磁阀体、风门调节器、电子点火脉冲、喷嘴、火盖（亦称分火器）、点火针、熄火针等组成，其中，炉头、火盖、支锅架是非常重要的组成部分。

图 7-2 为集成灶燃烧系统热效率提高技术发展路线。可以发现，20 多年来，燃烧器是集成灶厂商重点关注的功能模块。2010 年前，专利相对较少，关注在让火苗远离吸风口，例如，一种平吸下排式燃气灶具（CN101464009B）——离火苗较远处设计吸风口，一种复合式下排风排烟灶具（CN2500937Y）——锅外套有均压箱，起到保护火焰不会被风吹灭，充分利用能源。自 2012 年开始，围绕燃烧器及其主要组成部分，相关技术层出不穷。主要集中在几个方面：

燃烧器整体方面：（1）上进风，有利于可燃气体与氧气充分混合燃烧，火力比较集中，燃烧比较完全，热效率更高，是各厂商采用的主流方式；（2）利用风门、锅具温度采集等方式调节进气量与空气量达到最佳燃烧配比，调整火力大小；（3）设置混合腔或预热腔，通过预热增压燃气和空气的混合气体提高燃烧效率；（4）油烟余热回收二次补风助燃等。

炉头与火盖方面：（1）火口排列设计，如火孔倾斜、阵列平行、内外环复合设计等集中火焰，增大可燃边界；（2）二次空气

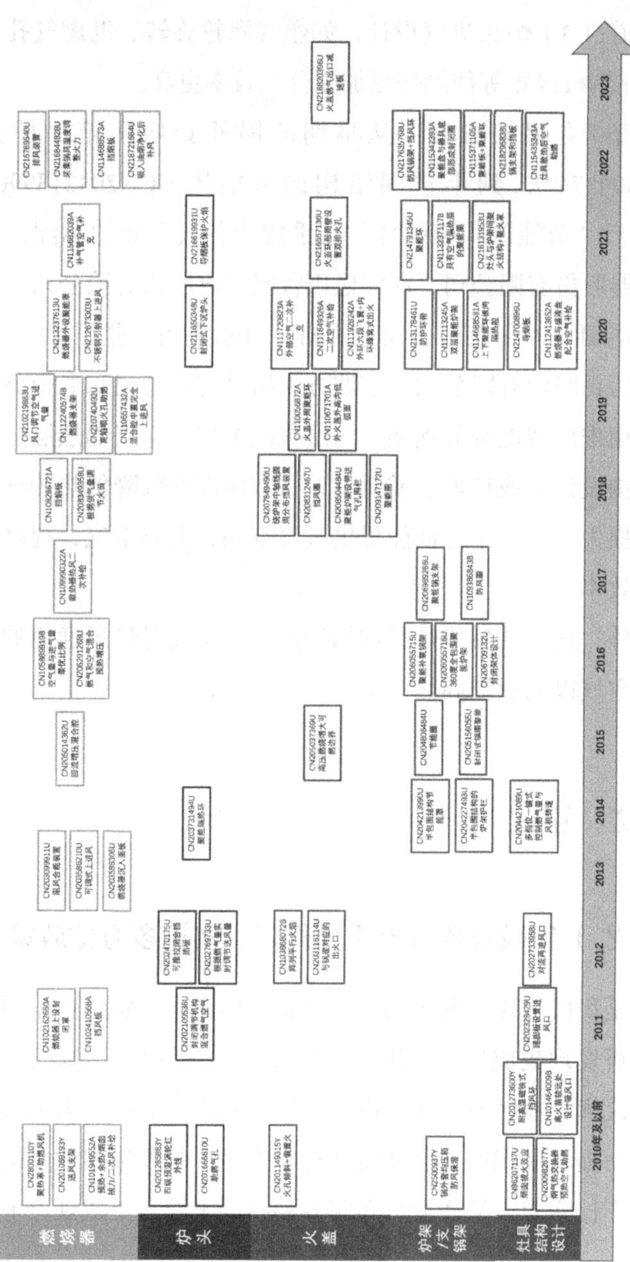

图 7-2　集成灶燃烧系统热效率提高技术发展路线

补充通道;（3）炉头进气设计，如燃气涡轮旋转、助燃气孔、挡热板 / 导烟板设置等使燃烧更加充分，效率更高。

炉架 / 支锅架方面：从早期的锅外套均压箱保护火焰（CN2500937Y），到半包围结构的节能罩（CN204213990U），2015 年后“节能圈、聚能环”几乎成为各大厂商的标配，浙江帅丰电器股份有限公司、浙江亿田智能厨电股份有限公司、浙江森歌智能厨电股份有限公司、优格、海尔集团、蓝炬星、美大、火星人厨具股份有限公司、宁波方太厨具有限公司和老板等主要厂商竞相推出智能补氧锅架、双层聚能炉架、空气隔热层、挡风环等结构设计，或环形、或弧形，一方面能有效降低热传导，减少热量损失，另一个方面能提供进气空间，助燃空气，提高锅具的加热效率。

此外，还有从集成灶整体结构出发，主要是进风通道的设计来补充空气以助燃提高热效率。

7.2 建议

7.2.1 积极发挥政府主导作用，实施多方位政策扶持

一是积极构建专利协同运营模式，提高产业整体竞争力。从专利分析发现集成灶专利维持时间较短（0—4 年），缺乏有效运营。建议优势地区或企业可以专利运营实现专利控制力的逐步增强，从而提升区域产业创新发展竞争力。二是积极组建集成灶产业知识产权联盟。从产业分布与专利布局来看，集成灶产业相对

集中。嵊州、海宁等地区可发挥优势、突出引领作用，通过创新资源的优化配置，强化专利布局，实现专利对技术、产品和市场的控制力。三是加大创新人才的储备。人才是重要的创新资源，但是从专利发明人分析发现，主要发明人集中度高，技术人才梯队不明显。建议一方面加大对本地创新人才的培养，通过专利数据分析，可以识别本地区高端人才的分布情况，这些人才应当作为重要的培养支持对象；另一方面，加大对外部创新型人才的引进，通过专利数据可以具体指引人才引进和合作的对象。

7.2.2 促进产学研协同创新，建立集成灶协同创新生态体系

从专利申请人分析来看，我国集成灶行业企业申请占比很高，高校院所占比很低。以嵊州为例，该地区聚集了一些特色高校和优势科研机构，但科教优势未充分转化为产业创新优势，更未体现产业专利优势。嵊州市集成灶专利申请人企业占比 89%，个人占比 8%，高校院所专利占比 2%，校企专利合作申请非常少。建议建立以专利资源为纽带的协同创新体系，促进技术创新的发展和核心技术的突破。设立专项资金，引导和鼓励企业、高校、科研院所和服务机构开展合作，对核心技术进行攻关，为企业的发展提供先导技术和产业化实用技术成果。

7.2.3 重视集成灶领域技术创新，增强技术核心竞争力

从专利类型来看，集成灶产业技术专利主要以实用新型专利

为主（占比 79.19%），发明专利偏少（占比 17.30%），发明授权占比 3.43%。从技术研发方向来看，例如在集成灶气动噪声消除领域，被动降噪技术专利申请较多，主动降噪技术专利申请较少；在机械噪声及其与气动噪声联合降噪技术领域专利申请也偏少。建议借助国家产业转型升级战略的东风，加大技术投入，积极引进专业技术人才，加强研发力量，致力于技术创新，真正掌握核心技术。从整体发展来看，未来应引导企业或研究机构着力突破一些共性关键技术，促进企业技术升级发展。

7.2.4 加强专利布局和知识产权保护，增强产品生命力

从专利质量分析来看，国内企业海外专利申请较少，布局不足，特别是作为专利申请量排名第一的产业集群嵊州，尚未开展海外专利布局；此外，高被引专利很少，被引 10 次以上的专利占比不足 1%。当前，蒸烤一体、集成智能厨房逐渐成为集成灶未来发展趋势，但是从专利技术构成来看，主要集中在 F24C15/20（烹调烟气的排除）和 F24C3/00（气体燃料的炉或灶），产品和技术同质化严重。在集成控制（如 AI 智能控制）、掺氢天然气、蒸烤一体化集成灶方面专利申请较少。建议集成灶企业对技术进行系统化、多角度地专利挖掘，形成高质量、结构化的专利组合，在关键技术环节上储备核心专利，积极开展海外专利布局。

参考文献

[1] 杨铁军. 专利分析可视化 [M]. 北京：知识产权出版社，2017.
[2] 万小丽. 专利质量指标研究 [M]. 北京：知识产权出版社，2013.
[3] 郭民生，王锋主. 区域专利发展战略. 河南卷 [M]. 北京：知识产权出版社，2005.
[4] 胡军. 创新发明与专利申请实务 [M]. 北京：知识产权出版社，2021.
[5] 李招娣. 专利信息检索与利用 [M]. 长春：吉林科学技术出版社，2019.
[6] 马天旗. 专利布局 [M]. 北京：知识产权出版社，2016.
[7] 马天旗. 专利分析：检索、可视化与报告撰写 [M]. 北京：知识产权出版社，2019.
[8] 董新蕊，朱振宇. 专利分析运用实务 [M]. 北京：国防工业出版社，2016.
[9] 牟萍. 专利情报检索与分析 [M]. 北京：知识产权出版社，2012.
[10] 国家知识产权局专利局审查业务管理部组织. 专利申请人分析实务手册 [M]. 北京：知识产权出版社，2018.
[11] 焦烨鋆. 专利申请质量评价指标体系研究 [J]. 中国集体经济，

2023（09）：124–127.

[12] 赵杨健，陈燕萍，裘梦洁，等. 集成灶产业：危与机中再突破 [J]. 经贸实践，2023（01）：46–48.

[13] 李杰. 美的集成灶 以用户体验为中心的耦合式创新 [J]. 现代家电，2023（01）：58–61.

[14] 黄依婷. 不同技术领域市场视角下的专利区域布局 [J]. 科技创业月刊，2022，35（12）：136–138.

[15] 本刊编辑部. 集成灶市场格局会如何变 [J]. 现代家电，2022（06）：12+9.

[16] 宫政，杜兴华. 专利申请流程与高校专利管理分析 [J]. 科技风，2021（18）：127–128.

[17] 苏亮. 集成灶是未来趋势 双擎驱动再造一个新帅康 [J]. 家用电器，2018（08）：36–37.

[18] 李琦，李先祥. 家用电器专利态势、发展趋势与对策研究 [J]. 中国乡镇企业，2010（06）：81–83.

[19] 林卓，王丽丽，林甫. 我国各区域专利资源分布时空演变分析 [J]. 情报科学，2018，36（10）：164–170.

[20] 杨中楷，沈露威. 我国有效专利区域分布状况分析 [J]. 情报杂志，2010，29（05）：62–65，36.

[21] 朱彬. 法律维度下专利质量的影响因素与提升路径研究 [D]. 江苏：江苏大学，2022.

[22] 韦倩茹. 客体确认视角下我国专利确权制度完善研究 [D]. 上海：华东政法大学，2022.

[23] 廖标建. 基于油烟扩散与燃烧传热特性分析的家用集成灶结构优化研究 [D]. 武汉：华中科技大学，2022.

[24] 郑鑫．区域专利质量评价体系的构建及应用研究 [D]．广州：华南理工大学，2021．

[25] 高海涛．基于用户体验的集成灶产品设计研究 [D]．广州：华南理工大学，2021．

[26] 刘一桥．基于智能物联的分体式集成灶云集成系统设计研究与实践 [D]．杭州：中国美术学院，2020．

[27] 曹阳．区域专利质量评价研究 [D]．太原：山西大学，2020．

[28] 刘璐．区域专利产出评价及与区域创新能力的关系研究 [D]．北京：北京理工大学，2016．

[29] 沈露威．我国有效专利区域分布与发展对策研究 [D]．大连：大连理工大学，2011．

[30] 水银银．我国区域专利战略及其绩效评价研究 [D]．合肥：合肥工业大学，2005．